计算机辅助设计
Auto CAD

钱　杨　编著

上海交通大学出版社

内 容 简 介

本书较全面地介绍了 AutoCAD 的绘图和编辑功能。内容覆盖二维和三维绘图，包括平面图形的绘制与编辑、辅助绘图工具、图层、块、标注、文字、图案填充、三维曲面建模、三维实体建模、渲染、打印输出等所有重要功能、工具和命令。

本书风格力求简明、实用，叙述精练，内容详略得当。介绍命令时，大多以易于理解的图例作辅助说明，只有在一些必要的地方，才列出实例操作的详尽步骤，因此本书篇幅较为精简。

本书是根据培训过程的实际需要来组织章节的，因此初学者可以按章节顺序阅读、自学。每章都附有适量的思考题或精选的练习题，有些练习题带有简明的操作提示。

本书既适合作为高等院校工科专业计算机绘图课程和各类 AutoCAD 培训班的教材，也适合一般自学的读者使用。

图书在版编目(CIP)数据

计算机辅助设计：AutoCAD/钱杨编著. —上海：上海交通大学出版社，2006

ISBN 7-313-04532-8

Ⅰ.计… Ⅱ.钱… Ⅲ.机械设计：计算机辅助设计-应用软件，AutoCAD 2006-高等学校：技术学校-教材 Ⅳ.TH122

中国版本图书馆 CIP 数据核字(2006)第 092131 号

计算机辅助设计

AutoCAD

钱 杨 编著

上海交通大学出版社出版发行

(上海市番禺路 877 号 邮政编码 200030)

电话：64071208 出版人：张天蔚

立信会计出版社常熟市印刷联营厂印刷 全国新华书店经销

开本：787mm×1092mm 1/16 印张：12.25 字数：299 千字

2006 年 8 月第 1 版 2006 年 8 月第 1 次印刷

印数：1～3 050

ISBN 7-313-04532-8/TP·656 定价：22.00 元

前　言

不断升级的 AutoCAD 软件在国际上广为流行。由于其使用方便、绘图快捷、精度高、功能完善、通用性强等特点，深受工程界的青睐。AutoCAD 是最早被介绍到我国的 CAD 软件之一，十余年来，一直是我国工程技术人员最为熟悉的工程制图工具，因而也被许多大、中专院校选为工程制图的计算机绘图教学平台。

笔者多年从事计算机绘图教学，一直注意在介绍 AutoCAD 的众多书籍中寻找合适的教学用书，但是可以满足笔者要求的书很少。大多数教程书按命令功能的分类来编排章节，对每条命令作几步一般操作作为实例，读者可能要看完大半本书才学到某些有用的命令或功能。有些教程书几乎全是实例，逐行列出操作过程中命令行的所有显示文字，表述步骤过于详尽。冗长的过程和篇幅淹盖了重点，读者要看懂一个实例，往往要对照着书从头到尾操作一遍，费时费力，不得要领。为了使学员用上更合适的教材，笔者以长期积累的教学经验为指导思想，编写这本符合教学实际要求的简明教程。

笔者比较了解 CAD 的教学规律，深知为了让初学者快速入门，尽早能真正用计算机来绘图，必须先教什么，重点教什么，哪些命令需要提醒学员特别注意，哪些作为次要内容不必讲授或留作自学。例如，对象捕捉、屏幕缩放在绘制图形时会频繁用到，应该首先掌握，本书就把这类内容作为基础知识编排在启动后的第 2 章，而不是按功能分类放在不同的章节，在较后才学到。本书在介绍大多数命令时，充分考虑到一般读者的理解能力，叙述力求简明扼要，可以用图形说明的，就不另外举例。即使是必要的实例，一般也只列出关键步骤。这样既缩小篇幅，节省阅读时间，又能突出重点。

本书采用的是 AutoCAD2006 简体中文版。第 1 至 9 章为二维绘图内容，第 10 至 14 章为三维绘图内容。每章都附有适量的思考题或精选的练习题。为方便自学的读者，有些练习题带有简明的操作提示。

本书在版式上有如下习惯和约定：

(1) 用一些特别格式或符号突出操作项目的类型，如：

↵ ：回车键 　　　　　　　　　　　　　【工具】 ：菜单栏

[F8] ：键盘上的按键 　　　　　　　　　确定 ：对话框或状态栏上的按钮

选项(0) ：菜单或列表框上的选项 　　　　模型 ：选项卡

(2) 连续单击操作，用 "➜" 作标记。例如：菜单栏【工具➜选项(O)】➜ "选项" 对话框

(3) 文中引用的命令行提示，用小一号字灰底表示。跟随其后的内容（中文用楷体），则是用户的输入或是有关说明，例如：

指定新角度或 [点(P)]<上一个新角度>: 90 ↵　　　输入值或指定两点来指定新的绝对角度

(4) 要点或技巧，如：

> ➤　在命令行提示 "指定直线的第一点" 时，直接按[Enter]键，即指定上一次直线命令的终点作为新的直线的起点。

目　录

第1章　启动 AutoCAD 2006

1.1　AutoCAD 2006 的界面

首次打开 AutoCAD 2006 后的初始界面如图 1-1 所示。

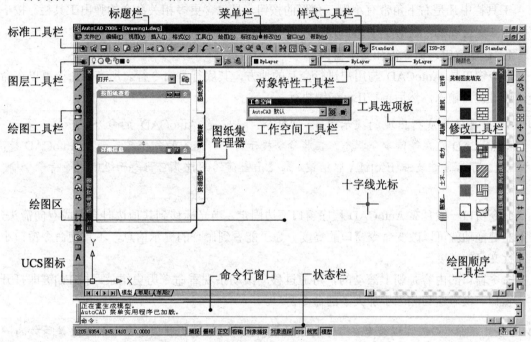

图 1-1　AutoCAD 2006 首次启动后的界面

1．绘图区

AutoCAD 程序窗口中间最大的区域为用户的绘图区，大多数绘图和编辑工作都在这里进行。位于绘图区左下角的箭头符号是 UCS（User Coordinate System 用户坐标系统）图标，其箭头指向 X 和 Y 正方向。光标移到绘图区内时变成带有一个小方框的十字线。小方框称为拾取框，用于拾取对象。

2．菜单栏

单击下拉式菜单栏中的菜单项就是调用 AutoCAD 的命令。有些菜单项还包含子菜单，提供更进一步的命令选项。

3．工具栏

单击工具栏中的图标按钮即调用 AutoCAD 的命令。工具栏是类似的或相关命令按钮的集合。光标移到工具栏按钮上停留便会显示命令名称的提示标签，同时状态栏上有更多的文字说明。

AutoCAD 2006 默认显示的工具栏是位于菜单栏之下分两行排列的"标准"、"样式"、"图层"和"对象特性"，程序窗口左右两侧的"绘图"、"修改"、"绘图次序"和浮动的"工作空间"等工具栏。AutoCAD 提供了 30 余条工具栏。右击任何一个工具栏，就会出现工具栏快捷菜单，可以从中选择某个要显示的工具栏。

所有的工具栏都是可以浮动的，即可以放在绘图区的任意位置。拖放的方法是将光标指向工具栏按钮周围的空处或工具栏的标题栏，然后按下左键后移动。也可将工具栏拖往绘图区域的周边位置，附着在任意边上而将其固定。可以将工具栏的位置锁定以防止意外移动。点击状态栏右边的"锁定"图标，或者右击任何一个工具栏，在快捷菜单的底部选择锁定，然后在菜单上选择要锁定的内容。

工具栏中凡是右下角带有小黑三角形的按钮，是包含更多相关命令的弹出工具栏。按下该按钮并保持顷刻，便有子工具栏弹出。

4．命令窗口、命令行和文本窗口

命令窗口是 AutoCAD 与用户进行交互的地方，其底行是命令行。所有的命令可以在命令行通过键盘输入，然后再按[Enter]键执行。

> ➢ 用户要注意底行出现的提示文字："命令:"，它是 AutoCAD 的命令提示符，表示 AutoCAD 处在等待命令状态。在非命令提示符下，键入的命令名不会被 AutoCAD 接受。可以通过敲击[Esc]键（取消键）来退出当前的某种其它状态而返回到等待命令输入状态。

命令窗口一般紧靠 AutoCAD 程序窗口下边固定，当光标移到其顶边时会变成双向箭头，按下左键拖动就可以改变命令窗口的高度。为了能看到命令的提示信息，不宜使命令窗口小于三行文字的高度。

命令窗口的内容是朝上滚动的，可通过移动滚动条观看命令历史纪录。按[F2]键即打开文本窗口。文本窗口相当于加大了的命令窗口。

> ➢ 使用菜单栏、工具栏或者在命令行用键盘输入命令，这几种调用命令的方法是等效的。不管用那种方法输入命令，相应的提示信息都会在命令窗口出现，因此用户需要随时察看命令窗口显示的文字，根据 AutoCAD 的提示和选项，作相应的输入和操作。

5．状态栏

AutoCAD 程序窗口底端是状态栏。左部的一组数字报告光标的坐标位置，中部是一些绘图辅助功能设置和绘图状态按钮，右部是"通信中心"、"锁定"和"状态栏菜单"按钮。"通信中心"用于通过 Internet 连接获取更新信息和其他服务。"锁定"可以锁定或解锁工具栏和窗口的位置（也可以按下[Ctrl]键移动被锁定的工具栏而无需解锁）。"状态栏菜单"控制状态栏的显示项目。

6．工具选项板和图纸集管理器

可以将对象从绘图区拖放到"工具选项板"上来创建新的工具，或者将常用命令设置为工具。"图纸集管理器"是一个将多个图形文件组织为图纸集的工具。

"工具选项板"和"图纸集管理器"是较高级的功能。初学者一般不会用到，可以将它们关闭。有关"工具选项板"更多内容，参见 7.8 节的讨论。

"标准"工具栏上的 和 按钮是关闭或显示它们的开关。

1.2 文件操作

1.2.1 新建图形文件

AutoCAD 启动后，已经自动建立了一个名为 Drawing1.dwg 的新图。用户也可以用以下方法调用"新建"（NEW）命令创建新的图形文件：

- ❑ 菜单栏：【文件➜新建(N)】
- ❑ "标准"工具栏： 按钮
- ❑ 命令行：NEW↵

执行 NEW 命令后，AutoCAD 打开"选择样板"对话框，如图 1-2 所示。样板是预先作了某些设置的图形文件，包括单位、绘图界限、图层设置等，有的样板带有图框和标题栏。选择合适的样板，可以减少设置工作以便立即开始绘图。也可以单击 打开 右边的 按钮，从弹出菜单中选择：无样板打开 – 公制，这将新建一个基于默认样板的空白图形文件。

图 1-2 "选择样板"对话框

> ➢ 默认的公制的样板文件名是 acadiso.dwt，它已作如下设置："0"图层、"Standard"文本样式、"ISO-25"标注样式、A3 图幅的图形界限等。

样板文件都存放于"Template"文件夹，读者可以在学习更多与设置有关的知识后建立自己的样板。把图形文件存为样板的方法是以"*. dwt"文件类型保存。

也可以采用另一种功能增强的创建新图形的方法，前提是先作如下操作：菜单栏【工具➜选项(O)】➜"选项"对话框：系统选项卡➜"基本选项"下拉框➜显示"启动"对话框。这样在启动 AutoCAD 和执行 NEW 命令时将通过"创建新图形"对话框来建新图，通过该对话框的向导可以逐项设置图纸区域、单位、数字精度等。

1.2.2 保存图形文件

AutoCAD 图形文件后缀名为"dwg"。创建的第一个新文件在未保存之前的默认名为 Drawing1，如果再建新图形，文件名为 Drawing2，……，以此类推。保存图形文件的方法：

- ❑ 菜单栏：【文件➜保存(S)】
- ❑ "标准"工具栏： 按钮
- ❑ 命令行：SAVE ↵ 或 QSAVE（快速保存）↵

保存时如果文件尚未被命名，将出现"图形另存为"对话框，要求用户输入文件名，如果图形已被用户命名则被快速存储。如果选择菜单栏：【文件➜另存为(A)】，则无论文件已命名与否都将显示"图形另存为"对话框。

AutoCAD2006 默认用"AutoCAD 2004 图形（*.dwg）"文件格式保存文件。

1.2.3 打开已有图形文件

  □ 菜单栏:【文件➡打开(O)】
  □ "标准"工具栏:  按钮
  □ 命令行: OPEN ↵

"选择文件"对话框如图 1-3 所示。

也可以将文件从 Windows 浏览器中拖入 AutoCAD 的程序窗口打开图形。

也可以局部地打开已有图形。在"选择文件"对话框中选择一个文件后,单击打开旁的▼,在弹出菜单中选择局部打开,然后在"局部打开"对话框中根据要加载的视图和图层范围选择。

图 1-3 "选择文件"对话框

1.3 设置绘图环境

1.3.1 设置单位

基于公制样板的图形文件,默认的长度单位是毫米。在开始绘图之前,用户也可以根据要绘制的图形决定一个"图形单位"代表的实际大小,例如毫米、厘米、米,甚至千米。

命令输入:

  □ 菜单栏:【格式➡单位(U)】
  □ 命令行: UNITS ↵

该命令打开"图形单位"对话框,可以设置数字格式、角度类型和小数位数等,如图 1-4 所示。

"图形单位"对话框中"精度"设置仅影响坐标值在状态栏的显示以及有关对象信息的列表。无论精度如何设置,AutoCAD 内部始终采用有效位数 14 位的双精度计算。

1.3.2 设置图形界限

图 1-4 "图形单位"对话框

屏幕的大小是有限的,但 AutoCAD 绘图范围几乎无限。用户可以方便地使用"平移"和"缩放"等控制显示的命令来调整图形显示范围和比例,因此可以在绘图时采用 1:1 的比例绘制任何大小的图形,在出图纸时再根据打印的幅面设置打印比例。由于绘图时不需要换算比例,作图可以更加快捷,这也是 AutoCAD 与手工绘图的显著区别之一。进行绘图界限的设置可按下式来确定:绘形界限 = 图纸幅面 / 输出比例。例如,要在 A3(420mm×297mm)图纸上绘制 1:10 的图形,绘图界限 =420mm×297mm/(1/10)= 4200mm×2970mm。在此图限内以实际尺寸绘图,输出时按 1:10 打印,正好在 A3 幅面内。

命令输入:

  □ 菜单栏:【格式➡图形界限(A)】
  □ 命令行: LIMITS ↵

【例 1】将绘图界限设置为 594×420(A2 图幅)。

执行命令后，命令窗口提示信息和用户操作如下：

命令:'_limits

重新设置模型空间界限：

指定左下角点或 [开(ON)/关(OFF)] <0.0000,0.0000>：   ↵   接受默认值（0,0）

指定右上角点 <420.0000,297.0000>： 594,420 ↵   输入新的右上角坐标

命令行选项的用法：

> 命令行括号外的文字是当前提示，指出用户现在需要做什么。

> 方括号 "[ ]" 里列出的是选择项，各选项用 "/" 隔开。在命令行选择某选项的方法是输入该选项的关键字母（大、小写输入都可以），然后按[Enter]键。

> 命令行提示中尖括号 "<>" 的内容是默认值，直接按[Enter]键即接受该值。

> 选择某选项的另一种操作方法是在绘图区单击右键，弹出的快捷菜单上就有与当前命令行选项相同的选项。

图 1-5   快捷菜单上
的命令选项

输入 "LIMITS" 命令后，在绘图区右击，快捷菜单上就有该命令的开(ON)和关(OFF)选项，如图 1-5 所示。

注：本书介绍命令选项时，以命令行的操作为主，一般不再重复另述快捷菜单上的命令选项。

LIMITS 命令选项说明：

● 开(ON)/关(OFF)：图形界限检查功能的开关选项。选择 ON 时，进行绘图界限检查，不允许图形画出界限；选择 OFF 时，关闭检查功能，允许图形超出设置的绘图界限。该项的缺省值为 OFF 。

> 执行 LIMITS 命令改变绘图界限后，绘图区的显示范围不会自动改变，要使图限范围尽量大地显示于绘图区，还需执行 "显示缩放"（ZOOM）命令。

1.3.3 工作空间

所谓 "工作空间" 就是菜单、工具栏和工具选项板的集合。

可以创建和保存用户自己设置的的工作空间，使其仅包含用户在特定的任务中最常用的工具栏、菜单和工具选项板。例如，绘制平面图形与创建三维对象需要打开不同的工具栏。设置成各自的工作空间后，在转到不同的任务时，不必再作重复设置就可以快速在工作空间之间进行切换。

可以通过 "工作空间" 工具栏，或者从菜单栏【窗口➔工作空间】，访问工作空间设置，进行保存或切换工作空间操作。

1.3.4 配置 AutoCAD 界面的显示颜色

AutoCAD 界面的缺省显示方式能满足一般需求，用户也可以根据喜好配置。菜单栏【工具➔选项(N)】，打开 "选项" 对话框，或者在绘图区右击，在快捷菜单上单击选项(N) ➔ "选项" 对话框➔ "显示" 选项卡。例如要将 AutoCAD 缺省的黑色绘图背景改成白色，可单击

颜色(C) 按钮➔"颜色选项"对话框➔"窗口元素"下拉框，指定"模型空间背景"➔"颜色"下拉框中选"白色"，如图 1-6 所示。

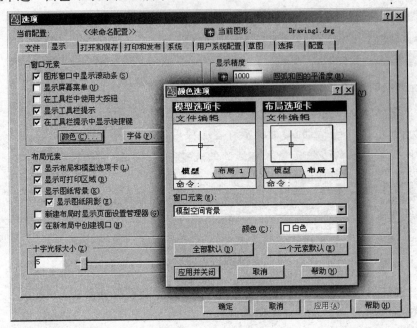

图 1-6　配置 AutoCAD 界面的显示颜色

思 考 题

1. 如何使新建的图形文件是基于公制单位的？

2. 如何打开、关闭工具栏？尝试关闭屏幕上的"修改"工具栏，然后再打开，并使它浮动在屏幕上，最后靠右边固定。

3. 在 AutoCAD 中输入命令，有几种方法？

4. 执行命令时，出现在命令行的选项可能带有"[ ]"和"< >"，它们有什么区别？

5. 公制的图形，开始绘图时缺省的绘图界限为多大？如何更改？

6. 长度和角度显示的小数精度各为多少位？如何更改？

7. AutoCAD 图形文件的后缀名是什么？图形样板的文件格式的后缀名是什么？

第 2 章　AutoCAD2006 绘图基础

2.1　使用坐标

2.1.1　AutoCAD 的坐标系

　　AutoCAD 通过坐标表示点的位置，默认的坐标系是 AutoCAD 的"世界坐标系（WCS）"，这是一个固定的坐标系。执行 UCS 命令，用户可以设置新坐标系的原点和坐标轴的方向。由用户建立的坐标系称为"用户坐标系（UCS）"。默认的 UCS 图标如图 2-1 所示，它显示在绘图区左下部。UCS 图标指出了 X 轴和 Y 轴的正方向，其中的小方框表示当前 UCS 与 WCS 重合，即为世界坐标系。当 UCS 图标放置在原点（0,0）时，方框内显示有十字线标记。

图 2-1　UCS 图标

　　使用 UCSICON 命令可以在显示二维或三维两种样式的 UCS 图标之间选择。更多有关 UCS 的讨论参见 10.2 节。

2.1.2　输入坐标

　　当命令提示输入点时，可以移动光标，在绘图区单击拾取一点，也可以在命令行中输入坐标值。可以按照直角坐标或极坐标输入二维坐标。常用以下几种方法输入坐标：

　　1．输入绝对直角坐标

　　绝对坐标值是从原点（0,0）开始测量的，原点是 X 轴和 Y 轴的交点。一个点的绝对直角坐标值就是用逗点（comma）隔开的 X 值和 Y 值。例如，输入坐标"10,20"指定的点在 X 轴方向距离原点 10 个单位，在 Y 轴方向距离原点 20 个单位。

　　2．输入相对直角坐标

　　相对坐标总是基于上一输入点的，要指定相对坐标，必须冠以前缀符号"@"。相对直角坐标的格式为"@x,y"（x 和 y 是相对前一点的 X，Y 方向的位差）。例如，输入坐标"@10，−20"指定的点在 X 轴方向上距离上一个点 10 个单位，在 Y 轴的负方向上距离上一个点 20 个单位。

　　3．输入相对极坐标

　　极坐标用距离和方位角度来定位一个点，输入时用尖括号"<"将距离和角度值隔开，默认的角度基准 0°指向东（3 点钟方向）。以极坐标形式表示相对于上一点的坐标即相对极坐标。例如，要指定相对于前一点距离为 100 个单位，角度为 45°的点，应输入"@100<45"。

　　基于原点的极坐标称为绝对极坐标，使用绝对极坐标的场合很少。

　　4．直接距离输入

　　输入相对极坐标的另一种方法是：通过移动光标指定方向，然后直接输入距离。此方法称为"直接距离输入"。由于不需要输入坐标值，所以直接距离输入是一种快捷方法。在"正交"模式或打开极轴追踪时，使用此方法绘制指定方向和长度的直线最为快捷。

2.1.3　在状态栏显示坐标

　　AutoCAD 程序窗口底部的状态栏左端的数字是当前光标的坐标位置。[F6]键是以下显示方式的切换开关。

- 移动光标时，动态地更新显示坐标。
- 静态显示指定点的坐标位置，直至再次指定一点时才会更新。
- 移动光标时，动态地更新显示相对极坐标。此方式只有在执行一些绘图和编辑命令过程中才会出现。

2.2 查看图形

放大显示图形以观看细节时使用"缩放"（ZOOM）命令，将视图移到图形的其他部位时使用"平移"（PAN）命令。这是两个最常用的改变绘图区显示的命令，这两个命令不会改变对象的尺寸。

2.2.1 平移视图（PAN 命令）

命令输入：

- ❑ 菜单栏：【视图➜平移(P)➜实时】
- ❑ "标准"工具栏 按钮
- ❑ 命令行：PAN（或别名 P）↵
- ❑ 快捷菜单：在绘图区单击右键➜平移

执行命令后光标呈手形 ，按下左键并拖动，视图即在绘图区实时平移。命令窗口提示：按[Esc]或[Enter]键退出，也可以单击右键，从快捷菜单可选择退出，或选择其他实时操作项目，如图 2-2 所示。

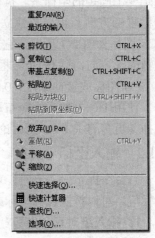

图 2-2　快捷菜单

2.2.2 缩放视图（ZOOM 命令）

命令输入：

- ❑ 菜单栏：【视图➜缩放(Z)】
- ❑ 命令行：ZOOM（或别名 Z）↵
- ❑ "标准"工具栏： （弹出工具条按钮），或者"缩放"工具栏
- ❑ 右键快捷菜单：在绘图区单击右键➜缩放。

输入 ZOOM 后命令窗口显示：

指定窗口的角点，输入比例因子 (nX 或 nXP)，或者

[全部(A)/中心(C)/动态(D)/范围(E)/上一个(P)/比例(S)/窗口(W)/对象(O)] <实时>：

提示要求指定一个矩形窗口的两个角点来定义放大显示的边界，也可以输入一个正数作为对图限范围进行缩放显示的比例因子。若输入的数后面跟"X"，表示对当前的显示进行缩放（相对缩放），若输入的数字后面跟"XP"，是指定相对纸张大小的缩放（参见 9.2.2 节）。

ZOOM 命令选项说明：

- 全部(A)：把显示缩放到图限范围或已绘图形范围。
- 中心(C)：指定新显示区的中心及缩放比例（或高度）。
- 动态(D)：可以进行平移和缩放两种操作。选择此项后视图中临时显示全图，并出现一

个中间有"×"的矩形视图框，它会随光标移动而平移视图。单击鼠标左键后转换到缩放模式，框右边出现一个箭头，移动光标视图框就沿箭头缩放。每单击一次，就进行一次模式转换，按[Enter]键就得到矩形框内的放大视图。

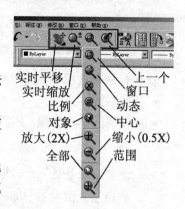

- **范围(E)**：图形充满视图显示。
- **上一个(P)**：重新显示上一个视图。
- **比例(S)**：输入缩放比例（与提示行中的操作相同）。
- **窗口(W)**：制定放大显示的矩形窗口的对角点（与提示行中的操作相同）。
- **对象(O)**：尽可能大地显示一个或多个选定的对象并使其位于绘图区的中心。
- **<实时>**：实时缩放。该项为默认项，按[Enter]键后，光标变成带有加、减号的放大镜，在绘图区按下左键然后向上或向下移动即可实时地改变缩放倍数。退出或转换到其他实时操作的方法与"实时平移"相同。

图 2-3 "缩放"弹出工具栏

在标准工具栏上有 PAN 和 ZOOM 命令按钮，如图 2-3 所示。ZOOM 命令的"实时"和"上一个"选项为单个按钮，其他为弹出子工具栏按钮。

> ➢ 使用滚轮鼠标可以不调用任何命令就进行平移和缩放。向前、向后滚动滚轮进行放大、缩小；按下滚轮按钮拖动进行平移；双击滚轮按钮相当于"范围缩放"。

单击菜单栏【视图➔鸟瞰视图(W)】，就可以打开"鸟瞰视图"窗口，其作用和操作方法类似 ZOOM 命令的"动态缩放"。适用于观察复杂图形时需要经常平移和缩放的场合。

2.3 绘制简单图形

2.3.1 绘制直线

命令输入：
- ❑ 菜单栏：【绘图➔直线(L)】
- ❑ "绘图"工具栏： ╱ 按钮
- ❑ 命令行：LINE（或别名 L）↵

执行 LINE 命令后,命令行提示：指定直线的第一点，用户可以用光标或者输入坐标指定起点的位置。输入起点后又提示：指定下一点，这样可以绘制一系列连续的直线段，但每条直线段都是一个独立的对象，直到按[Enter]键结束命令。

LINE 命令选项说明：
- **放弃(U)**：放弃最后一条直线段。
- **闭合(C)**：在绘制了两条或两条以上直线段之后出现该选项。以第一条线段的起始点作为最后一条线段的终点，形成一个闭合的线段环。

【**例1**】使用直线命令绘制如图 2-4 的等边三角形。

输入 LINE 命令，用相对坐标输入 2、3 两个顶点，操作如下：

命令:_line 指定第一点: 在绘图区任选一点1

指定下一点或 [放弃(U)]: @50,0↵   直线段至点 2

指定下一点或 [放弃(U)]: @50<120↵   至点 3

指定下一点或 [闭合(C)/放弃(U)]: c↵   选择"闭合"项

> 在命令行提示"指定直线的第一点"时，直接按[Enter]键，即指定上一次直线命令的终点作为新的直线的起点。

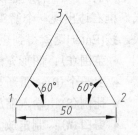

图 2-4　使用直线命令

在执行命令过程中，以下两种方法等效于按[Enter]键：

- 按空格键
- 在绘图区单击右键，然后在快捷菜单中选确认，如图 2-5 所示。

> 重复输入最近一次命令的两种快捷方法：在命令提示符的状态下，直接按[Enter]键，或者在绘图区单击右键，快捷菜单的第一项即为最近一次输入的命令。

图 2-5　快捷菜单

2.3.2　绘制圆（CIRCLE 命令）

命令输入：

- ❑ 菜单栏：【绘图➜圆(C)】
- ❑ "绘图"工具栏： ⊘ 按钮
- ❑ 命令行：CIRCLE（或别名 C）↵

执行该命令后提示：指定圆的圆心或 [三点(3P)/两点(2P)/相切、相切、半径(T)]:

指定圆心点后进一步提示：指定圆的半径或 [直径(D)] <10.0000>:

可以用多种方法画圆，缺省的方法就是指定圆心和半径。指定半径的方法是输入半径数值或指定一点，此点与圆心的距离决定圆的半径，如图 2-6 a)所示。

CIRCLE 命令选项说明：

- **直径(D)**：使用中心点和指定的直径长度绘制圆。
- **三点(3P)**：指定圆周上的三点绘制圆，如图 c)所示。
- **二点(2P)**：指定圆直径上的两个端点绘制圆，如图 b)所示。
- **相切、相切、半径(T)**：指定半径和两个相切对象绘制圆。

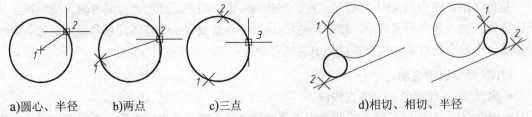

a)圆心、半径　　b)两点　　　　c)三点　　　　　d)相切、相切、半径

图 2-6　绘制圆的方法

用"相切、相切、半径"方法画圆时的相切对象可以是圆、圆弧、直线或多段线。用这种方法画圆时，有时会存在多个圆符合给定的条件。AutoCAD 以距选定点最近的切点绘制圆，如图 d)所示（图中浅色的圆和直线是要相切的对象，较深黑的圆是正在绘制的圆，"×"示意指定相切对象时的指定点）。

要创建与三个对象相切的圆，使用菜单栏：【绘图➔圆➔相切、相切、相切(A)】。也可以使用"三点"方法，指定点时使用对象捕捉（OSNAP）的"捕捉切点"模式。

2.3.3　删除对象（ERASE 命令）

删除对象的命令是 ERASE，输入该命令的方法有多种：

❏ 菜单栏：【修改➔删除(E)】

❏ "修改"工具栏： 按钮

❏ 命令行：ERASE（或别名 E）↵

❏ 选取对象➔在绘图区右击➔快捷菜单：删除，如图 2-7 所示。

执行命令后，光标变成小方框（拾取框），命令行提示选择对象。选取要删除的对象，结束选择时按[Enter]键确认。

还有以下两种操作将对象从图形中删除：

● 选取对象后按[Delete]键。

● 选取对象后按[Ctrl]+[X]键，剪切到 Windows 的剪贴板。

2.3.4　撤销和重做（UNDO / REDO 命令）

图 2-7　快捷菜单

"撤销"命令 UNDO 的功能是取消前一个或多个命令的操作。如果仅是简单地放弃上一步操作可以单击"标准"工具栏的 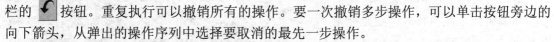 按钮。重复执行可以撤销所有的操作。要一次撤销多步操作，可以单击按钮旁边的向下箭头，从弹出的操作序列中选择要取消的最先一步操作。

UNDO 的简化命令（并非别名）是"U"，简化的 UNDO 命令无任何选项，因此执行"U"命令与单击 工具按钮等价。按[Ctrl]+[Z]键也与"U"命令等价。

与"撤销"相反的是"重做"命令 REDO 或 MREDO。它们必须紧跟随在 U 或 UNDO 命令之后。

REDO 命令恢复上一个 UNDO 或 U 命令放弃的效果，可以重复执行。单击"标准"工具栏的按钮 与执行 REDO 等价。

MREDO 命令可以一次恢复前面多个 UNDO 或 U 命令放弃的效果。单击 旁的 ，然后从操作序列中选择要重做的最先一次操作，即是执行 MREDO 命令。

2.3.5　恢复误删（OOPS 命令）

命令行命令 OOPS 用于恢复最后一次（只能一次）被 ERASE 命令或[Delete]键删除的对象，也可以恢复被[Ctrl]＋[X]键剪切的对象。

虽然"撤销"命令 UNDO 也经常用来恢复被删除对象，但是 OOPS 命令可以在删除对象又执行了其他命令后，再恢复删除的对象。

2.3.6　透明使用命令

AutoCAD 中的很多命令可以"透明"地使用，即在运行其他命令的过程中在命令行输入另一命令而不退出原命令。透明命令多为不选择对象的命令，如创建新对象、改变图形设置、打开绘图辅助工具的命令，例如 ZOOM、PAN、GRID 等。

要以透明方式使用命令，应在命令之前输入单引号（'）。命令行中，透明命令的提示前有一双尖括号（>>）。结束透明命令后，将恢复执行原命令。例如，在画直线时，直线的端点超出了视图范围，又不希望退出原命令，这时可以透明地使用 PAN 或 ZOOM 命令。

指定下一点或 [放弃(U)]: 'pan↵   以透明方式输入 PAN 命令

>>按 Esc 或 Enter 键退出，或单击右键显示快捷菜单。   执行平移视图操作

正在恢复执行 LINE 命令。

指定下一点或 [放弃(U)]:   继续绘制直线

> 标准工具栏上的四个控制视图显示的工具按钮都是透明状态的命令，无须再输入单引号，使用方便。

2.4 动态输入功能

AutoCAD2006 新增了"动态输入"功能。它在光标附近提供一个命令界面，用户无需在命令行输入，可以专注于绘图区域。

状态栏上的 DYN 按钮和键盘[F12]键都是动态输入的启闭开关。

动态输入功能启用状态下，一些绘图和编辑命令在执行时，在光标附近会有"工具栏提示"显示信息，该信息会随着光标移动而动态更新。

动态输入有三个组件："指针输入"、"标注输入"和"动态提示"。

在状态栏 DYN 上单击右键→设置→"草图设置"对话框→"动态输入"选项卡，设置启用什么组件以及各组件所显示的内容，如图所示 2-8 所示。

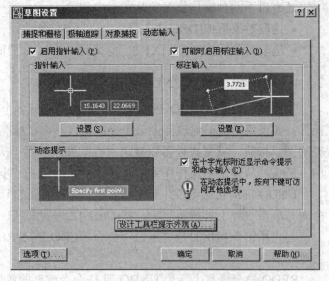

图 2-8 设置"动态输入"

1. 指针输入

"指针输入"启用状态下，当命令要求指定一点时，十字光标附近的"工具栏提示"显示光标的坐标。如果用键盘输入，在键入 x 坐标值后，按[Tab]键或逗点，再输入 y 坐标。这些数字被输入到工具栏提示上，而不是输入到命令行。

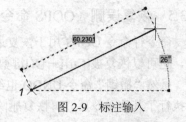

图 2-9 标注输入

当提示要求指定第二个点和后续点时，默认设置"工具栏提示"显示为相对极坐标。此时用键盘输入相对坐标值不需要键入"@"。如果要输入绝对坐标，必须以"#"符号作前缀。

2. 标注输入

"标注输入"可用于 LINE（直线）、CIRCLE（圆）、ARC（圆弧）、PLINE（多段线）和 ELLIPSE（椭圆）命令。"标注输入"启用状态下，当命令提示输入第二点时，十字光标附近以尺寸标注形式显示距离和角度值，并随着光标移动而改变，如图 2-9 所示。

输入距离值并按[Tab]键后，该数字后显示一个锁定图标，光标被约束在输入的距离上，然后进一步输入角度值。

3．动态提示

"动态提示"必须至少与"指针输入"和"标注输入"中的一个同时使用。启用动态提示时，命令提示选项会显示在光标附近的"工具栏提示"中。用户可以在工具栏提示（而不是在命令行）中用鼠标或键盘输入响应。按向下方向键可以查看和选择选项。按向上方向键可以显示最近的输入，如图 2-10 所示。

图 2-10　动态提示

动态输入并不取代命令窗口。命令窗口仍然显示命令提示和记录以往所有输入。

2.5　选择对象

在调用了一条编辑命令后，十字线光标变成拾取框，AutoCAD 提示"选择对象"。有许多选择对象的方法。

1．逐个

出现"选择对象"提示时，可以移动拾取框逐个单击选择对象，被选中者亮显（显示为虚线），命令行提示选中的对象数目，按[Enter]键结束选择。按住[Shift]键单击误选对象可以将其从选择集中去除。

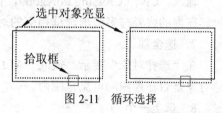

图 2-11　循环选择

选择彼此接近或重叠的对象很困难。按下[Ctrl]键并连续单击这些对象就可以循环选中，直到所需对象亮显为止，如图 2-11 所示的两个矩形。

2．窗选

出现"选择对象"提示时，从左到右指定两个角点形成矩形选框，被完全包容在内的对象被选中，如图 2-12 所示。缺省设置下，窗选框以实线为边，以透明蓝色为填充色。

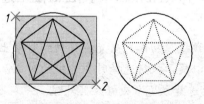

窗口选择　　　亮显选定对象
图 2-12　窗口选择示例

窗交选择　　　亮显选定对象
图 2-1　窗交选择示例

3．窗交

出现"选择对象"提示时，从右到左指定两个角点（或者先输入"C"指定窗交，就可以从任意方向拾取两个角点），形成矩形选框，被完全包容在内的对象或者与矩形选框相交的对象被选中，如图 2-13 所示。缺省设置下，窗交选框以虚线为边，以透明绿色为填充色。

以上三种选择对象的方法是默认的，以下其他方法则需要首先输入相应的选项。

4．栏选

在"选择对象"提示下，输入关键字母"F"（Fence），按[Enter]键后指定一些点来定义一系列线段，这些线段穿过需要选择的对象。如图 2-14 所示，栏选方法不能选择被围住的对象。

注：AutoCAD 中，通过输入关键字母指定选项的场合，输入大、小写均可。

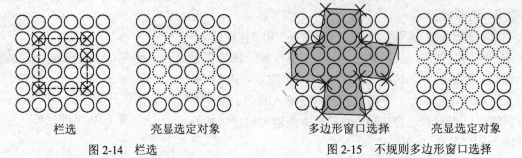

栏选　　　　　　　　亮显选定对象　　　　　　多边形窗口选择　　　　　亮显选定对象

图 2-14　栏选　　　　　　　　　　　图 2-15　不规则多边形窗口选择

5．不规则多边形窗选（圈选）

在"选择对象"提示下，输入"WP"（Windows Polygon），按[Enter]键后用一系列封闭直线段完全包容需要选择的对象，如图 2-15 所示。多边形以实线为边，以透明蓝色为填充。

6．不规则多边形交选（圈交）

输入"CP"（Crossing Polygon），按[Enter]键后用一系列封闭直线段绘制多边形，被完全包容在内的或者与多边形选框相交的对象被选中，多边形以虚线为边，以透明绿色为填充。

7．选全部

在"选择对象"提示，输入"ALL"，按[Enter]键后解冻的图层上的所有对象被选择，无论对象是否在视图的可见范围内。

8．选上一个

在"选择对象"提示下，输入"L"（Last），按[Enter]键后选择最近一次创建的对象。

9．选前一个

在"选择对象"提示下，输入"P"（Previous），按[Enter]键后选择用户在前一条命令中所选的对象。

> ➤　AutoCAD2006 新增了"选择预览"功能。当光标移动到对象上时，对象将亮显（缺省设置为显示虚线和加粗），以提示执行选择时会选中的对象。可以从"选项"对话框的"选择"选项卡上启闭"选择预览"或修改其外观。

2.6　精确绘图

2.6.1　栅格和栅格捕捉

AutoCAD 提供了"栅格"（Grid）和"栅格捕捉"（Snap）工具，用来快速精确定位。状态栏上的 栅格 按钮和键盘的[F7]键都是栅格显示的切换开关。网点状栅格分布于整个绘图界限范围。栅格不会被打印，它有助于对象的对齐并且直观地显示对象之间的距离。

栅格的间距可以调整以适应图形的显示比例。如果间距设得过密，屏幕上将不能显示。

状态栏上的捕捉按钮和键盘的[F9]键都是"栅格捕捉"模式的开关。"栅格捕捉"模式开启时，光标只能按设定的捕捉间距跳跃而不能连续移动，因此可精确定位。

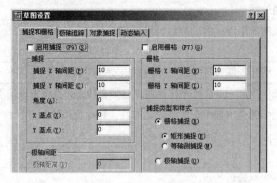
图 2-16 设置栅格和捕捉

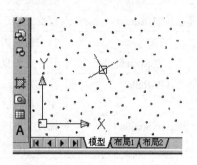
图 2-17 设置栅格角度

通过菜单栏【工具→草图设置(F)】，打开"草图设置"对话框，或者通过右击状态栏上的栅格或捕捉按钮，然后在快捷菜单中选设置，就直接进入"草图设置"对话框的"捕捉与栅格"选项卡，在这里设置栅格和捕捉的间距，如图 2-16 所示。这两种间距可以设置互相匹配，也可以不同。

对话框中的"角度"项可设置栅格旋转角度和捕捉方向。"X 基点"和"Y 基点"用于设置栅格转向时的基点。图 2-17 所示的是将角度设置成 30° 后的栅格和十字光标。此时若开启"捕捉"，栅格捕捉的间距方向也转过 30°。UCS 坐标系统不受其影响。

2.6.2　正交

"正交"（Ortho）工具用来水平、垂直方向的定向。

状态栏上正交按钮和键盘的[F8]键都是正交模式的开关。开启正交后，在绘图或编辑图形时光标的移动被限定在十字线的方向上。例如前面介绍的"直接距离输入法"，利用"正交"模式，只须输入距离便可快速地画出水平、垂直方向的直线。

2.6.3　对象捕捉

1．对象捕捉的模式

在绘图过程经常要将指定点限制在已有对象上的确切位置上，例如一条线的中点、端点，一个圆的中心等等。使用"对象捕捉"（Object snaps，简称 OSNAP）可以迅速定位到对象上一些特殊点的精确位置，而不必知道坐标。表 2.1 列出了对象捕捉的各种模式。

表 2.1　对象捕捉模式

对象捕捉模式	说　　明
端点 　（ENDpoint）	捕捉直线、圆弧等的端点
中点 　（MIDpoint）	捕捉直线、圆弧等的中点
交点 　（INTersection）	捕捉直线、圆、圆弧等的交点
外观交点、延伸外观交点 　（APParent）	捕捉不在一个平面上的两个对象的外观交点；如果这两个对象沿它们的自然方向延长看起来是相交的，就捕捉两个对象的假想交点
延伸 　（EXTention）	当光标经过对象的端点时，显示临时延长线或圆弧，以便在延长线或圆弧上指定点

（续表）

对象捕捉模式	说　　明
圆心　（CENter）	捕捉圆弧、圆、椭圆的圆点
象限点（QUAdrant）	捕捉圆弧、圆、椭圆的象限点（0°、90°、180°、270° 点）
切点　（TANgent）	自动获取切点
垂足　（PERpendicular）	从一点向直线、圆、圆弧、椭圆等对象引垂线时自动确定垂直点
平行　（PARallel）	作已知直线的平行线，指定一点后将光标停留在已知直线上，直至出现捕捉平行标志，再移动光标时会出现平行的临时追踪线，籍此便可绘制平行线
插入点（INSertion）	捕捉文字或块的插入点
节点　（NODe）	捕捉点对象
最近点（NEArest）	捕捉对象上距离十字光标最近的点

应用对象捕捉功能有两种方式："临时"方式和"运行"方式。

> ➢　"对象捕捉"是绘图辅助工具而不是命令，不能在等待命令状态（命令提示符）下使用，只能在执行绘图或编辑命令过程中，命令行提示要求用户指定点时才可以使用。

2．使用临时方式的对象捕捉

选择"临时方式"的对象捕捉模式，仅能进行一次对指定点的捕捉，下一次指定点时需要再次选择捕捉模式。

在命令行提示指定点时，可以用四种方法启动临时的对象捕捉：

• 单击"对象捕捉"工具栏（图 2-18）的某个对象捕捉模式按钮。

• 单击右键➜捕捉替代，在如图 2-19 所示的"对象捕捉"快捷菜单上选择某项。

• 按住[Shift]键并单击鼠标右键，显示"对象捕捉"快捷菜单。

• 在命令行输入对象捕捉的缩写，即捕捉模式英文名的前三个字母（参见表 2.1）。

图 2-18　"对象捕捉"工具栏

用以上任何一种方法选择对象捕捉后，光标中心将变为"对象捕捉靶框"。（注：缺省设置为不显示靶框。设置显示与否：菜单栏【工具➜选项(N)】➜"选项"对话框➜草图选项卡➜勾选"显示自动捕捉靶框"选项。）

图 2-19　"对象捕捉"
快捷菜单

移动靶框到对象上，AutoCAD 将寻找离靶框中心最近的符合条件的捕捉点，直到出现捕捉标记和提示。此时单击鼠标，捕捉点即被指定。

【例 2】绘制如图 2-20 a)所示的图形，图中 M 为右边直线线中点，N 为垂足。

绘图过程：

(1) 绘制φ12 的圆。

(2) 绘制圆的内接四边形，各顶点在圆象限点上。输入直线命令后 AutoCAD 提示：指定第一点，在"对象捕捉"工具栏上点击"捕捉象限点"按钮 ，把光标移到圆上，直至捕捉标记显示在离光标最近的一个象限点处，并在光标附近出现捕捉提示，表示象限点已经定位，如图 b)所示。单击便指定直线起点 1。在指定下一点提示下，使用相同方法依次捕捉其他象限点完成四边形。

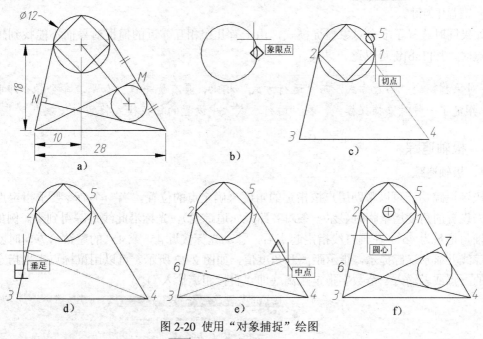

图 2-20　使用"对象捕捉"绘图

(3) 画其他直线段。单击按钮 ，使用"捕捉端点"指定直线起点 2，然后用相对坐标"@-4，-18"和"@28<0"画出直线 2、3、4。指定点 5 时使用"捕捉切点" ，如图c)。

(4) 画直线段 4、6 和直线段 3、7，起点用"捕捉端点"，下一点分别用"捕捉垂足" 和"捕捉中点" ，如图 d)和 e)所示。

(5) 用"三点(3P)"方式画与三条直线相切的圆，依次使用 ，将光标移到要相切的直线上指定"捕捉切点"。

(6) 画两个圆的连心线。直线的两个端点都使用"捕捉圆心" 按钮。

3. 使用运行方式的对象捕捉

绘图过程总有几种对象捕捉模式要重复多次应用。可以设置"运行方式"的对象捕捉。一旦开启了运行方式的对象捕捉，它将一直保持着，只要命令行提示要求指定点，所设置的对象捕捉模式就会自动启动，直至用户关闭它们为止。

需要预先设置对象捕捉的模式。在状态栏上右击对象捕捉➜设置，或者选

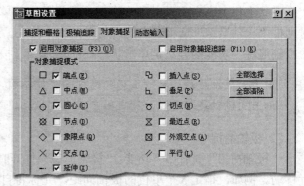

图 2-21　设置"对象捕捉"运行方式

菜单栏【工具➜草图设置(F)】，或者单击"对象捕捉"工具栏中 按钮，打开"草图设置"对话框的"对象捕捉"选项卡，如图2-21所示。各复选框前的图形符号就是在捕捉点上显示的提示标记。可以选择所需要的一种或者几种对象捕捉模式。

开启/关闭"运行方式"对象捕捉功能的方法：

- 单击状态栏对象捕捉按钮。
- 键盘[F3]键。

如果同时选择了多个对象捕捉模式，由于有几个相互靠近的捕捉对象而不能找到想要捕捉的点时，按[Tab]键可以逐一寻找。

> ➢ 对象捕捉的"临时方式"与"运行方式"相比，具有优先权。如果在命令执行中临时
>   指定了一种对象捕捉模式，在"运行方式"中设置的捕捉模式将暂时失效。

2.6.4 极轴追踪

1. 极轴追踪

极轴追踪功能可以帮助用户按指定的角度来确定点的位置，当一个命令要求指定点时，按预先设置的角度增量临时显示一条对齐路径（追踪线），光标沿此线追踪得到点。例如，设置极轴角增量为45º，在画直线指定起点后，移动光标接近45º或45º的整数倍方向时就会出现追踪线并显示追踪提示，指示距离和角度值，如图2-22所示。可以用鼠标点击来指定追踪线上的一点或者输入一个数字指定距离（即"直接距离输入"）。

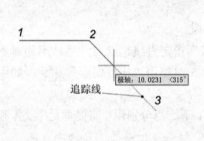

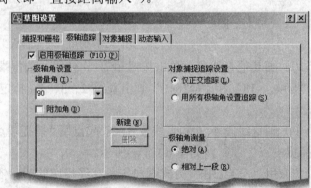

图 2-22　极轴追踪　　　　　　　　　　　　　图 2-23　设置极轴追踪

在状态栏上右击极轴并单击设置，或者单击菜单栏【工具➜草图设置(F)】，"草图设置"对话框"极轴追踪"选项卡上的"增量角"下拉表，选择极轴追踪角，如图2-23所示。启闭"极轴追踪"功能的方法是单击状态栏的极轴或者按键盘[F10]键。

> ➢ 由于"极轴追踪"与"正交"的方向可能不同，所以开启"正交"时 AutoCAD 将自
>   动关闭极轴追踪功能，反之用户启用"极轴追踪"时，将自动关闭正交模式。

2. 极轴捕捉

"极轴捕捉"具有如下功能："极轴追踪"打开时，光标将沿追踪线按指定的距离增量进行移动。例如，指定5个单位的极轴间距，光标将自指定的第一点捕捉5、10、15、…等。

要使用"极轴捕捉"，首先在"草图设置"对话框的"捕捉和栅格"选项卡上设置"极轴

距离",并选择捕捉类型为"极轴捕捉",如图 2-24 所示。必须在"极轴追踪"和"捕捉"模式同时打开的情况下,才能开启"极轴捕捉"功能。

在"草图设置"对话框的"捕捉和栅格"选项卡上,捕捉类型选择为"极轴捕捉"后,"栅格捕捉"模式将不能使用。

3.角度替代

如果偶尔追踪某个角度,使用临时的角度追踪较便捷。例如需要画一条35°方向的直线,在要求指定下一点时,输入"<35"(无需键入"@"),按[Enter]键后光标的移动被锁定在 35° 或 215°方向上,然后通过点击或输入一个数字指定距离。指定的角度替代了"极轴追踪"、"正交"等模式,故称为"角度替代"。角度替代是临时的,不被保存。

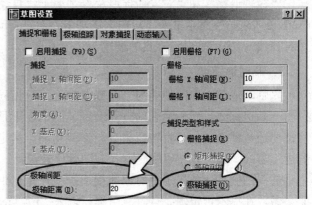

图 2-24 设置极轴捕捉

2.6.5 在非现有对象上定位点

需要在非现有对象上定位点时可以用以下几种方法。

1.对象捕捉追踪

"对象捕捉追踪"将在已有对象的指定捕捉点上拖出一条追踪线(对齐线),光标可以沿着对齐线方向追踪。因此必须在"对象捕捉"功能运行方式打开的前提下,才能使用"对象捕捉追踪"功能。对齐线的方向一般是"极轴追踪"的方向(与"极轴追踪"功能打开与否无关),唯一的例外是如果对象捕捉点为切点,则追踪线方向为切线方向。

状态栏上的对象追踪按钮或键盘[F11]键是"对象捕捉追踪"功能的开关。

下面通过图 2-25 的示例来说明使用"对象捕捉追踪"功能的基本步骤。

【例 3】用"对象捕捉追踪"功能在矩形中心绘制一个圆。

(1) 首先在"草图设置"对话框中,设置捕捉模式为"中点",并开启"对象捕捉"和"对象捕捉追踪"。

(2) 输入绘制圆命令,提示指定圆心点。

(3) 将光标移至矩形底边(不要点击),中点处显示小加号"+",表示已获取点(中点),移动光标直至出现铅垂方向的对齐线,如图 2-25a) 所示。

(4) 再将光标移至矩形侧边,获取中点后移动光标直至出现水平对齐线,如图 2-25b) 所示。光标沿对齐线移至矩形中心附近时,先前的铅垂对齐线再次显现,如图 2-25c) 所示。在两条追踪线交点处点击,拾取到的点就是所需的圆心位置,如图 2-25d) 所示。

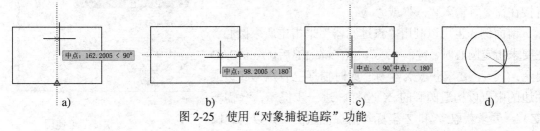

a)   b)   c)   d)

图 2-25 使用"对象捕捉追踪"功能

如果复选了多种对象捕捉的模式，在上例步骤(3)中显示的捕捉标记可能不是所需的，这时可通过按[Tab]键切换，直至捕捉到所要的点。获取点以"+"为标记。如果要清除已获取点，可以将光标再次移回该标记上，"+"将消失。获取点最多可达 7 个（上例有 2 个）。

"极轴追踪"和"对象捕捉追踪"都属于"自动追踪"功能。通过菜单栏【工具➡选项(N)】➡"选项"对话框➡"草图"选项卡，对"自动追踪"作一些设置，主要是对追踪矢量（对齐线）、提示等显示方式的设置。

2．临时追踪点

"临时追踪点"的功能与"对象捕捉追踪"相同，也是通过在已有对象的指定捕捉点上拉出一条追踪线，然后沿它的方向追踪。区别在于是"临时"的，即每次在指定一个追踪点前都要通过键盘或工具栏按钮来启动追踪功能。指定一个追踪点时既可以使用"对象捕捉"的运行方式，又可以使用临时方式，因此比较灵活。

前面的例 3，使用了"对象捕捉追踪"在矩形中心定圆心，也可以用"临时追踪点"功能来做。在提示指定圆心点时，用键盘输入"tt"（temporary tracking），或单击"对象捕捉"工具栏上的"临时追踪点"按钮 ●─○ ，或按住[Shift]键的同时右击鼠标，在快捷菜单选择临时追踪点(K)，命令行将进一步提示：指定临时对象追踪点。此时捕捉一条边的中点为追踪点，拉出水平或垂直方向的追踪线。然后再次输入追踪指令，用相同方法拉出另一条追踪线，以便得到它们的交汇点。

3．捕捉相对点

在已有对象的指定方位和距离处定位一个点，可以用"捕捉相对点"功能。

【例 4】在两条直线交点的指定距离处绘制一个圆，如图 2-26 所示。

(1) 输入圆命令，提示指定圆心点。

(2) 单击"对象捕捉"工具栏的"捕捉自"按钮 ，或者按住[Shift]键右击鼠标，在快捷菜单选择：自(From)，也可以在命令行键入"from"，AutoCAD 将进一步提示指定"基点"。

(3)捕捉交点指定基点 1，进一步提示输入"偏移"，要求输入自该基点的偏移位置。键入相对坐标"@15，20"以指定点 2。

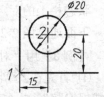

图 2-26 通过捕捉相对点定位圆心

4．点过滤器

"点过滤器"（Point filter）用对象上某一点的 X 坐标和另一点的 Y 坐标来定位一个点。当 AutoCAD 要求指定点时，就可以启动点过滤器：按住[Shift]键右击鼠标，在快捷菜单上选点过滤器，进而在其子菜单选择一项，如图 2-27 所示。也可以在要求指定点时直接在命令行输入".x"或".y"。

前面例 3 也可以利用"点过滤器"来指定所求圆心。在要求指定圆心时，键入".x"，按[Enter]键后，AutoCAD提示："于"，要求获取 X 坐标。此时捕捉已有矩形底边或顶边的中点以构造圆心的 X 坐标。进一步提示："（需要YZ）"，要求获取 Y 和 Z 坐标。捕捉侧边的中点以构造圆心的 Y、Z 坐标（在二维绘图时忽略 Z 坐标）。圆心完全定

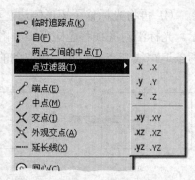

图 2-27 通过快捷菜单使用点过滤器

位，进一步提示输入半径。指定半径后完成绘圆。

5．定位两点之间的中点

【例5】绘制直线C，其两端分别是直线 A、B 左端点之间的中点和右端点之间的中点，如图 2-28 所示。

(1) 执行直线命令后提示"指定第一点"。输入"mtp"或"m2p"，也可以按住[Shift]键并单击右键，在快捷菜单上选"指定两点之间的中点"。

(2) 提示"中点的第一点"，捕捉端点 1。

(3) 提示"中点的第二点"，捕捉端点 2。于是得到点 3。

(4) 重复(1)到(3)，捕捉两线的右端点，于是获得直线 C 的端点。

图 2-28　用 MTP 指定
两点之间的中点

思 考 题

1. 绘图时"直接距离输入法"要与什么功能结合使用才能快捷、准确？

2. 屏幕缩放命令（ZOOM）的"全部（A）"选项指的是什么？缩放比例 0.5 和 0.5X 有什么不同？

3. 选择对象时窗口方法和窗交方法的区别何在？

4. "正交"和"极轴追踪"可以同时启用吗？

5. 状态栏"捕捉"和"对象捕捉"按钮区别何在？

6. 在开启对象捕捉的运行方式的情况下，使用对象捕捉的临时方式，此时哪个有优先权？

7. 键盘[F3]、[F6]、[F7]、[F8]、[F9]、[F10]、[F11]、[F12]这些快捷键的意义是什么？

练 习 题

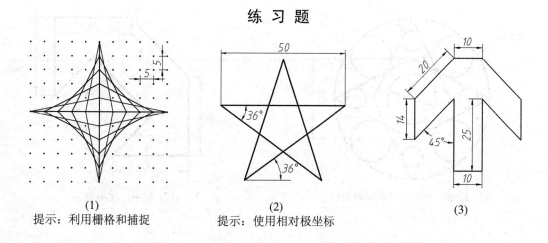

(1)
提示：利用栅格和捕捉

(2)
提示：使用相对极坐标

(3)

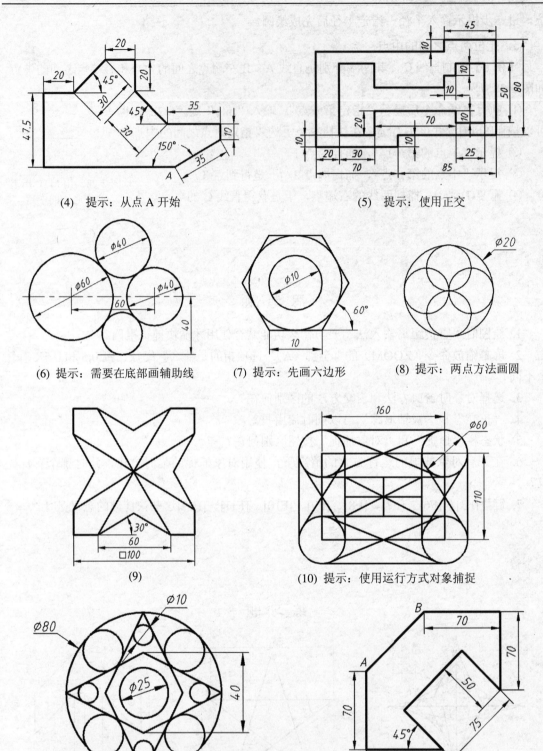

(4) 提示：从点 A 开始   (5) 提示：使用正交

(6) 提示：需要在底部画辅助线   (7) 提示：先画六边形   (8) 提示：两点方法画圆

(9)   (10) 提示：使用运行方式对象捕捉

(11) 提示：利用相对坐标画菱形   (12) 提示：使用极轴

第 3 章　图层、颜色、线型和线宽

AutoCAD 中创建的对象都在"图层"（Layer）上。图层相当于多层重叠的透明纸，将对象分类放置在不同的层上，就可以快速地控制对象的显示。例如，机械制图中有轮廓线、虚线、中心线、剖面线、标注等，通过建立图层，就不用给图中每一个对象分别设置线型、线宽，而是把图中具有相同线型、线宽的对象放在一个图层中，并为各个图层分别设置线型和线宽。在建筑制图中可以将结构、管道、电路、设备等分别绘制在不同的图层上，以后可根据需要显示或使用某些图层上的内容。

使用图层提供了组织、控制图形的途径，用户应根据行业和部门的约定使用图层。

- 可以给图层指定不同的颜色、线型、线宽。
- 可以根据需要控制图层的可见性。
- 可以锁定某图层，防止被改动。
- 可以控制打印时某图层是否被输出。
- 可以将彩色图线的图形用黑色打印，而给不同颜色分别指定打印线宽。

3.1　图层

图层都有名称、颜色、线型和线宽等特性。新建图形都有一个名为"0"的特殊图层，0 层不能被删除或重命名。它的颜色为白色，线型为"Continuous"（连续线），线宽为默认值。

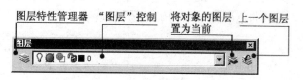

图 3-1　"图层"工具栏

图层的数量不受限制，当前图层只有一个。查看"图层"工具栏的"图层控制"下拉框，这里显示当前图层，如图 3-1 所示。迄今为止读者可能一直是在使用 0 层。建议创建几个新图层来组织图形，而不要将整个图形都画在 0 图层上。

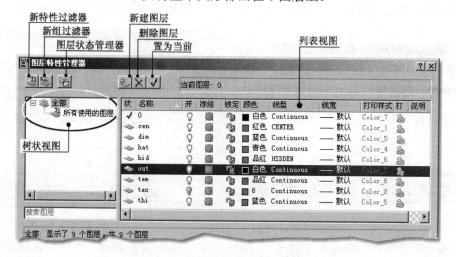

图 3-2　"图层特性管理器"对话框

3.1.1　图层特性管理器

单击"图层"工具栏上第一个按钮 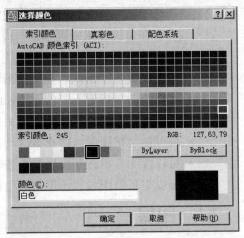，打开"图层特性管理器"对话框，如图 3-2
所示。该对话框有两个窗格：树状图和列表图。

左部树状图显示图层和"过滤器"的层次结构列表（过滤器用于控制在列表中显示哪
些图层）。右部列表显示了图形中图层及其特性。

1．创建新图层、设置图层特性

单击顶部的"新建图层"按钮，就创建一个新
图层。除了名称，图层具有颜色、线型和线宽、打
印样式等特性（"打印样式"将在第 9 章讨论）。

● **名称：** 新图层缺省的层名按创建的顺序依次
为"图层 1"、"图层 2"、…。应该取有意义的名称
以便于管理。

● **颜色：** 将光标移到某图层的"颜色"上单击，
"选择颜色"对话框如图 3-3 所示。单击想要设置
的颜色，底部就显示所选颜色的名称或编号。在"真
彩色"选项卡，通过对颜色的描述能够更准确地定
义颜色。在"配色系统"选项卡，允许按照标准色
标本的色谱编号来精确地选择颜色。

图 3-3　"选择颜色"对话框

> AutoCAD 中的白色（7 号色），根据背景显示为白色或黑色。如果在浅色的绘图背景
> 中显示为黑色。打印时得到的也是黑色。
> 虽然在彩色打印机上可以按照图层的颜色输出彩色图形，但工程上一般不需要彩色
> 的图纸。为图层指定颜色可以使图形在屏幕上清晰明了。根据对象的颜色，容易判
> 别所在图层，便于图形的组织和管理。由绘图仪输出图形时，为不同的颜色分别指
> 定绘图笔的编号，它们可以是不同粗细笔头的绘图笔。由打印机输出图形，可为不
> 同的颜色指定线条的打印宽度，即颜色可代表输出时的线宽。

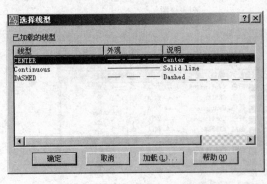

图 3-4　"选择线型"对话框

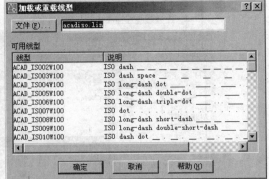

图 3-5　"加载和重载线型"对话框

● **线型：** 线型是沿图线显示的线、短划、点和间隔组成的图样。将光标移到某个图层
的"线型"列上单击，打开"选择线型"对话框，如图 3-4 所示。其中列出当前图形文件

已加载的线型，缺省线型是"Continuous（连续线）"，单击 加载 按钮，弹出"加载或重载线型"对话框，如图 3-5 所示。其中列出线型文件 acadiso.lin（公制）中的所有线型。选择要加载的线型并单击 确定 按钮，就将所选线型加载到当前图形文件之中。

● 线宽：可以用指定的线宽打印对象。图层的线宽值被指定为"默认"。默认线宽值为 0.25mm。要改变某个图层的线宽，单击"线宽"列，打开"线宽"对话框，可从列表框中选择恰当的线宽，如图 3-6 所示。

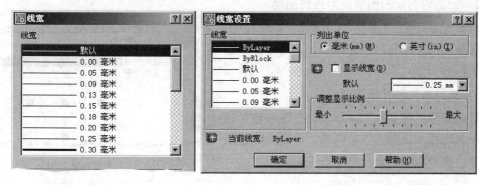

图 3-6   "线宽"对话框   图 3-7   "线宽设置"对话框

只有按下状态栏上的 线宽 按钮，才能在屏幕上观察到线宽效果。在模型空间（参见第 9 章的讨论），屏幕上图线并不以实际打印线宽而是以像素宽度显示，并且显示宽度不随 ZOOM 命令的缩放比例而变化。如果要在屏幕上显示真实的宽度，应该用多段线（参见 4.3 节）。

在"线宽设置"对话框中可以重设默认线宽，也可调整线宽的显示比例，如图 3-7 所示。选择菜单栏【格式➜线宽(W)】，或者在状态栏的 线宽 按钮上单击右健，然后选 设置，打开该对话框。

线宽为 0 值的图线，输出时将以打印机所能打印的最细的线进行打印。

> ➢ 每次建新图都要进行设置图层的工作，为减少重复操作，最好创建带有常用图层的样板文件。把图形文件存为样板的方法是选择以"dwt"文件格式保存。

2．图层的状态

● 状态："图层特性管理器"对话框的右窗格列表中的第一列为"状态"，用对勾符号指示是否为"当前图层"（置为当前图层的方法：选一个层名，单击顶部"置为当前"按钮）；用浅色图标指示是否为空图层（需要勾选底部的"指示正在使用的图层"）。

● 开/关： 打开或关闭图层。关闭的图层不可见，不能被打印。

● 解冻/冻结： 冻结的图层不可见，不能被打印，并且不随图形的重新生成而生成。

● 解锁/锁定： 锁定的图层上的对象可见、可捕捉其特殊点，但不可被修改。

● 可打印/不可打印： 该设置只对打开和解冻的图层有效。

3．删除图层

从"图层特性管理器"中选定空的图层，然后单击"删除图层"按钮。

0 层、Defpoints 层（标注时自动生成）、当前图层和有内容的图层不能被删除。

3.1.2 "图层"工具栏

1．设置"当前图层"

不选择任何对象，在"图层"工具栏的"图层控制"下拉框中单击要置为当前的图层名即可。

2．使选定对象的图层成为当前图层

选择对象，单击"图层"工具栏的 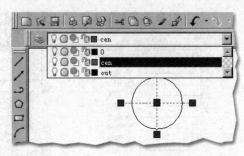 按钮，所选对象的图层即置为当前图层。也可以先单击该按钮，然后选对象。

3．将对象移到其他图层

选择对象，然后从"图层控制"下拉框中选取一个目标图层，如图 3-8 所示，再按[Esc]键清除选择。所选取的对象已属于新指定图层。

图 3-8   改变对象的图层

> ➢ 如果当前没有选择对象，"图层"工具栏的"图层控制"列表框显示当前图层，如果选择了对象，则显示被选对象所在图层。

3.1.3 线型比例

非连续线型都是间断的，其线条都是由点、短划和间隔组成。线型文件 acadiso.lin（公制）中各种线型的短划、间割长度都是固定的。在较大的图幅上，原间隔会显得相对较小，甚至看上去像连续实线，而在小图幅上，原间隔显得过大，会使线型不完整或不美观。

改变线型比例可改变非连续线型的由点、短划、间隔组成的线型单元的长度，以便和图形的大小相匹配。图 3-9 为 Center 线型在不同比例下的比较。应根据图幅和图形的具体情况来设置适当的线型比例。

可以通过"全局线型比例"和"当前对象比例"调节线型比例。默认情况下，它们的比例因子都为 1。

1．全局线型比例

"全局线型比例"控制图形中所有对象（已有的和新建的）的线型比例。

通过菜单栏【格式➜线型(N)】，或者"对象特性"工具栏上的"线型控制"下拉列表框，选其他，即打开"线型管理器"对话框。如果详细信息尚未显示，单击 显示细节，在下部的"全局比例因子"栏输入新的数值，如图 3-10 所示。

由命令行改变比例因子的方法是输入系统变量名"LTSCALE"（别名为"LTS"），接着输入新值。

2．当前对象线型比例

"当前对象线型比例"只影响新建对象的线型比例，不影响已有对象。这样在一个图形中就可以

a) 线型比例为 0.5   b) 线型比例为 1   c) 线型比例为 2

图 3-9   不同线型比例的比较

存在不同线型比例的图线。

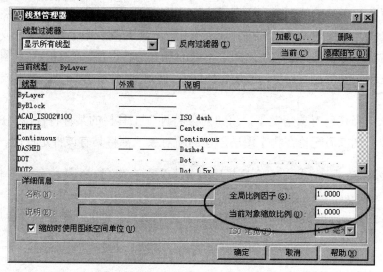

图 3-10　线型管理器（显示细节）

可以在图 3-10 所示"线型管理器"对话框中设置"当前对象线型比例"，也可以在命令行输入"CELTSCALE"系统变量，确定新比例因子。

> ➢　对象在图形中显示的线型比例是"全局比例因子"与该对象的"当前对象比例因子"的乘积。

3.2　对象的特性

每个对象都有基本特性和几何特性。一些基本特性可以通过图层特性赋予对象，也可以直接指定给对象。

对象的颜色、线型和线宽等几个基本特性可以通过"对象特性"工具栏查看或改变，更多的基本特性和几何特性可以通过"特性"选项板查看或改变。

3.2.1　"对象特性"工具栏

该工具栏由"颜色控制"、"线型控制"和"线宽控制"等下拉框组成，如图 3-11 所示。如果当前没有选择对象，下拉框显示当前默认特性值，如果选择了对象，下拉框则显示被选定对象的特性值。

缺省情况，所绘制对象的颜色、线型和线宽继承了所属图层的特性，这种特性值为"ByLayer"（随层）。如果改变一个图层的颜色、线型或线宽的设置，那么对象将随图层特性而改变。

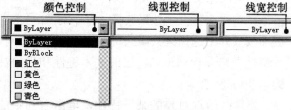

图 3-11　对象特性工具栏

例如，在图层 0 上绘制直线，其颜色为"ByLayer"，以后将图层 0 的颜色设为红色，则直线的颜色也随之成为红色。

除了"随层"，还有"随块"（ByBlock）的特性值。关于"块"的概念将在第 7 章讨论。

如果将对象特性设置为一个非"随层"的特定值，则该值将替代图层中设置的值。

直接为对象指定特定的颜色、线型或线宽特性的方法是：先选定对象，然后单击"对象特性"工具栏上相应的列表框右边的箭头按钮，在下拉列表中选择某项，或选列表末行的其他…。这样，对象就具有与所属图层不同的独立的特性值。例如，将 0 图层上的直线通过"颜色控制"框指定为蓝色，即使将图层 0 的颜色特性设为红色，该直线的颜色仍为蓝色。

如果在未选择任何对象情况下，将"对象特性"工具栏的某种特性由"ByLayer"改为其他特定值，则以后无论在哪个图层创建的新对象，都将具有该特定特性。

> 非"随层"的特性，给绘图和编辑图形带来灵活和便利。但是对象具有非"随层"的颜色、线型，往往会在修改图形时因不易辨别层而给用户带来困惑。特别是图形要经过多人使用或修改时更可能造成麻烦和混乱。建议初学者一般使用"随层"的特性。

3.2.2 "特性"选项板

"特性"选项板显示所选对象的所有特性，可以在选项板上对特性值进行修改。"特性"选项板是最常用的工具之一，打开的方法很多，常用以下方法：

❑ 标准工具栏：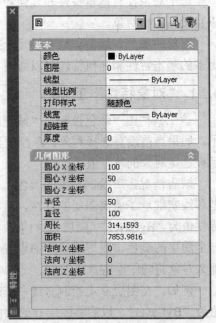 按钮

❑ 快捷菜单：选择要查看或修改其特性的对象➜在绘图区右击➜特性

❑ 双击要查看或修改其特性的对象

❑ 命令行：PROPERTIES ↵（别名 PR↵，或 CH ↵）

"特性"选项板是表格式的窗口，如图 3-12 所示。它不同于对话框，选项板打开时不妨碍其他操作，可以一直保留在屏幕上。

通过"特性"选项板，可以查看和修改：

• 对象的几何特性

• 对象的基本特性

基本特性包括图层、颜色、线型、线型比例和线宽等八种特性。需要注意的是这里的"线型比例"是指"当前对象线型比例"，而不是"全局线型比例"。

如果选择了单个对象，"特性"选项板显示被选对象体的所有特性。如果选择了多个对象，"特性"选项板只列出选择集共同的特性。如果未选择对象，"特性"选项板列出当前层的基本特性和当前视图的一些信息。

要修改所选对象的某一特性，单击右列中的特性值，然后在其中输入新数值。修改完毕后要按[Esc]键取消选择。

选项板顶部的 ▦ / 1 按钮控制一次可以选择

图 3-12   "特性"选项板

多个，还是一次只能选择一个对象。

3.2.3 特性匹配

使用"特性匹配"（MATCHPROP 命令）可以方便地用源对象的特性改变目标对象的特性。

命令输入：

❑ 菜单栏：【修改➜特性匹配】

❑ "标准"工具栏：✎ 按钮

❑ 命令行：MATCHPROP（别名 MA）↵

输入命令后提示：

选择源对象：　选择要复制其特性的源对象

当前活动设置：　（注：此处列出了当前设置的要匹配的特性）

选择目标对象或 [设置(S)]：s↵ 选择"设置"项，显示"特性设置"对话框，设置要复制的特性

目标对象　指定目标对象，可以继续选择直至按[Enter]键结束命令

默认情况下，将选择"特性设置"对话框中的所有对象特性进行复制。

选择源对象后光标变成带有刷子形状的靶区 ⬚⬚，以此选择目标。

3.2.4 用 CHANGE 命令修改对象特性

CHANGE 命令的作用类似"特性"选项板，不过 CHANGE 命令（别名：-CH）只能在命令行执行。它可以改变对象的层、颜色、线型、线型比例、线宽、标高、厚度等，可以改变线的端点、圆的半径，文本的属性和一些其他特性。

例如，要修改图 3-13 中直线的端点。输入 CHANGE 命令后提示：

选择对象　拾取 1、2 点，窗交方法选三条直线的右端，如图 3-13a)所示。

指定修改点或[特性(P)]：　拾取点 3 作为修改后的端点，结果如 3-13 图 b) 所示。

如果在指定修改点之前开启"正交"功能，同样的操作，结果如图 3-13c)所示。

如果选择"特性（P）"选项，将进一步提示：

输入要修改的特性　[颜色(C)/标高(E)/图层(LA)/线型(LT)/线型比例(S)/线宽(LW)/厚度(T)]：

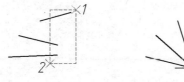
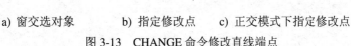

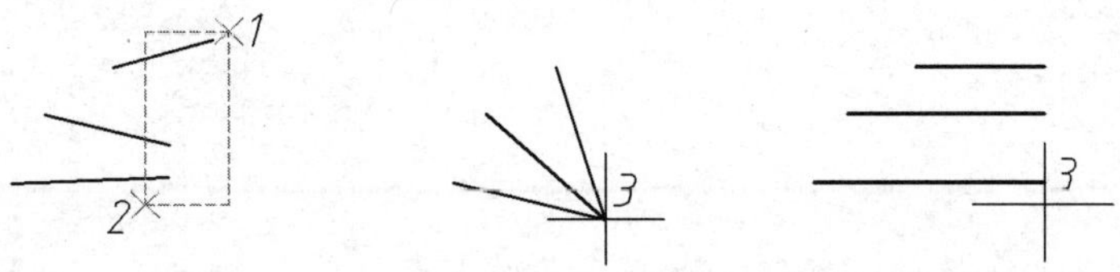

　　a) 窗交选对象　　　　b) 指定修改点　　c) 正交模式下指定修改点

图 3-13　CHANGE 命令修改直线端点

思 考 题

1. 图形为什么要在画在不同的图层上？为什么要为图层设置颜色？

2. 如果从头至尾在 0 层里绘图，最后用"对象特性"工具栏上的"颜色控制"和"线型控制"来改变各对象的颜色和线型，图形外观也会正常。这样做会产生什么问题？

3. 用什么方法改变已建图层的特性？这种改变是否影响已有对象？

4. 冻结和关闭图层有何不同？

5. 如果选中的对象无法删除，会是什么原因？

6. "特性"选项卡可以修改什么？尝试用它改变已绘对象的基本特性和几何特性。

练 习 题

创建一个新文件，按下表要求定义图层，然后保存为样板文件，在以后的练习中使用。

层名	颜色	线型	线宽	用途说明
0	白色	Continous	默认	保留
Out	白色	Continous	0.5	画粗实线
Fin	黄色	Continous	0.2	画细实线
Cen	红色	ACAD_ISO04W100	0.2	画轴线、中心线
Hid	绿色	ACAD_ISO02W100	0.2	画虚线
Dim	品红色	Continous	0.2	标注尺寸
Hat	青色	Continous	0.2	画剖面线
Tex	品红色	Continous	0.2	文本注释等
Tit	青色	Continous	0.2	图框、标题栏

注：如果绘图区被设置为白色背景，可用较深颜色如蓝色代替黄色。

第 4 章　绘制和编辑图形

4.1　复制和移动对象

4.1.1　复制对象(COPY 命令)

命令输入：
- 菜单栏：【修改➔复制(Y)】
- "修改"工具栏： 按钮
- 命令行：COPY（别名 CO 或 CP）↵

【例1】将图 4-1a)中的圆复制到直线的各交点处。

执行该命令后提示： 选择对象：

选择圆后，按[Enter]键，提示： 指定基点或[位移(D)] <位移>：

指定圆心为基点，进一步提示： 指定第二个点或 <使用第一个点作为位移>：

指定直线交点为第二点进行复制，重复提示： 指定第二个点或 [退出(E)/放弃(U)] <退出>：

指定另一个交点，连续复制直至按[Enter]键，如图 4-1b)所示。

COPY 命令用两点（基点和第二点）定义一个位移矢量，将源对象复制到指定位置。这两点可以处于图形的任何位置。"指定第二点"的提示重复出现，因此可以连续复制多个副本，直至按[Enter]键退出命令。

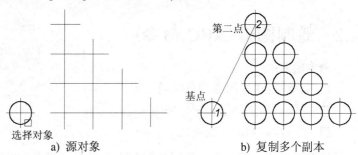

a) 源对象　　　　b) 复制多个副本

图 4-1　复制对象

指定复制目标点位置的另一种操作方法是输入位移量。在提示" 指定基点或[位移(D)] <位移>"时，用键盘（不能用光标）输入一个坐标值，接着在" 指定第二个点或 <使用第一个点作为位移>"的提示下按[Enter]键，即选择尖括号内的选项，于是先前输入的坐标被当作相对位移坐标，源对象就按此位移量复制。例如，前一个提示下输入"50，30"，并在下一个提示下按[Enter]键，则该对象从它当前的位置开始在 X 方向上移动 50 个单位，在 Y 方向上移动 30 个单位复制副本。也可以在选择对象后，输入"D"以选择"位移(D)"选项，然后在" 指定位移 <默认值>"下输入位移量。

需要注意的是输入位移量时不要带通常表示相对坐标的"@"符号。

使用位移量复制对象时，AutoCAD 将输入的位移量作为下次复制的默认值，这便于相同位移量的复制。但是使用位移量复制不能实现多个复制。

4.1.2　移动对象（MOVE 命令）

命令输入：

□ 菜单栏：【修改➜移动(V)】
□ "修改"工具栏：✛ 按钮
□ 命令行：MOVE（别名 M）↵

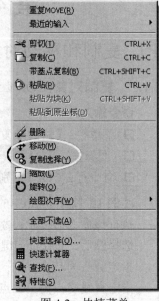

输入 MOVE 命令后的提示与 COPY 命令的提示几乎一样。MOVE 命令也是通过指定两点（基点和位移的第二点）定义位移矢量，或者直接输入位移量来移动对象。

也可以通过快捷菜单调用 MOVE、COPY 等命令。在命令提示符的状态下，不输入命令，直接选择要操作的对象，然后在绘图区右击鼠标，即可在快捷菜单上选择常用的编辑修改命令，其中有：复制选择(Y)、移动(M)，如图 2-2 所示。注意，菜单顶部的复制(C)是 Windows 的操作，与 COPY 命令不同，它将对象复制到内存。

> 使用"指定两点"方法执行 COPY 或 MOVE 命令时，如果已知位移的方向和距离，可以取任意点作基点。如果不能确定方向和距离，但知道要位移到特殊点（如交点、端点等），那么就不能任意选择基点，应选择合适的对象捕捉点。

图 4-2 快捷菜单

4.2 绘制圆弧（ARC 命令）

命令输入：
□ 菜单栏：【绘图➜圆弧(A)】
□ "绘图"工具栏：◠ 按钮
□ 命令行：ARC（或别名 A）↵

圆弧是圆的一部分，一段圆弧有起点、端点、圆心、半径和弦等诸要素。必须指定其中的三个要素来确定圆弧，这些要素按一定方式组合就有多种创建圆弧的方法。如果用菜单栏调用 ARC 命令，其子菜单上有十余项画圆弧的方法供选择，如图 4-3 所示，其中的"角度"是指圆弧的包含角，"长度"是指圆弧所对应的弦的长度，"方向"是指起点处圆弧的方向。

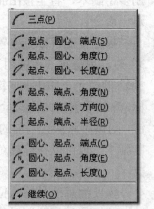

如果通过工具栏或命令行输入圆弧命令，需要根据具体情况选择提示中方括号内的某选项，以便输入已知要素，一俟创建圆弧的条件满足，圆弧即生成。"三点"是缺省的方法，无需指定选项。

【例 2】绘制如图 4-4 中的圆弧。

（1）如图 4-4a) 所示，用"三点"方法画圆弧，输入命令后根据提示，通过捕捉直线交点，依次指定 1、2、3 点完成圆弧。

图 4-3 圆弧命令子菜单

（2）如图 4-4b) 所示，要画表示开门方向的圆弧，按"起点、圆心、端点"方法绘制。在"指定圆弧的起点或[圆心(C)]:"提示下先指定起点 1。接着提示："指定圆弧的第二个点或 [圆心

(C)/端点(E)]",键入"C"选择"圆心(C)"项,以门的枢轴 2 用作圆心。又有提示:"指定圆弧的端点或 [角度(A)/弦长(L)]",再指定点 3,完成圆弧。

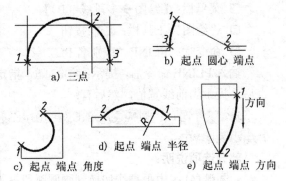

(3) 如只有两个端点,没有可捕捉的圆心,可使用"起点、端点、角度"或"起点、端点、半径"的方法。

绘制如图 4-4c) 所示的弧形缺口,先指定起点 1。接着在"指定圆弧的第二个点或 [圆心(C)/端点(E)]"提示下,输入"E"选择"端点(E)"项,指定终点 2。再在"指定圆弧的圆心或 [角度(A)/方向(D)/半径(R)]:"提示下,输入"A"选择"角度(A)"项,在命令行输入角度数值或者拖动光标在屏幕上指定圆弧的包含角,完成圆弧。

图 4-4　绘制圆弧各种方法示例

(4) 如图 4-4d) 所示的图形中,先指定起点 1 和终点 2,再在"指定圆弧的圆心或 [角度(A)/方向(D)/半径(R)]:"提示下,输入"R"选择"半径(R)"项,输入半径值画圆弧。

(5) 如图 4-4e) 所示的圆弧用"起点、端点、方向"方法完成,圆弧的起点捕捉到直线的端点 1,圆弧端点捕捉到点 2,再在"指定圆弧的圆心或 [角度(A)/方向(D)/半径(R)]:"提示下,输入"D"选择"方向(D)"项,然后用光标指定圆弧的起始方向或用键盘输入方位角。

ARC 命令可以画平滑连接的连续圆弧。在命令提示指定起点时,如果直接按[Enter]键,AutoCAD 将提示指定圆弧的端点,给定圆弧端点后就绘制一条与刚才画的最后一段圆弧或直线平滑连接的圆弧。该方法即子菜单栏的最后一项"继续"(见图 4-3)。

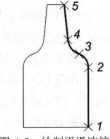

如果在结束 ARC 命令后调用直线(LINE)命令,类似圆弧命令的"继续"方式,在提示"指定第一点"时按[Enter]键,将绘制一条与刚才的圆弧相连并相切的直线,这时的提示要求指定"直线长度"。如图 4-5 所示的瓶子轮廓就是用此方法绘制的。

图 4-5　绘制平滑连接的圆弧和直线

> ➢ ARC 命令除了"三点"和"起点、端点、方向"方法外,都从起点到端点以逆时针方向绘制圆弧。在选择"角度"选项时如果输入负的数值将以顺时针方向绘制圆弧。在选择"长度"选项输入弦长时,如果长度值是正的,将按逆时针方向绘制劣弧(包含角≤180°),如果长度值是负的,则按顺时针方向画优弧(包含角>180°)。以"起点、端点、半径"方式画圆弧时,如果输入负的半径值,将按顺时针方向画优弧。

4.3　多段线

多段线(Polyline)由首尾相连的直线段、圆弧段或两者的组合线段构成,每段可以有不同的宽度,线段的起点和端点的线宽可以不同而逐渐过渡,这些连续的线段为同一个对象。可以使用 PEDIT 命令对多段线进行编辑。图 4-6 是一些用多段线绘制的较复杂的图线。

4.3.1　绘制多段线(PLINE 命令)

命令输入:

- □ 菜单栏:【绘图➜多段线(P)】
- □ "绘图"工具栏: 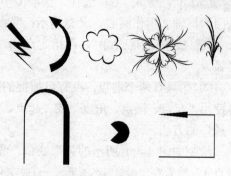 按钮
- □ 命令行:PLINE(或别名 PL)↵

输入 PLINE 命令后,提示:指定起点。指定一点后,提示当前线宽值,然后有:

指定下一个点或 [圆弧(A)/闭合(C)/半宽(H)/长度(L)/放弃(U)/宽度(W)]:

图 4-6 多段线

部分选项说明:

- **圆弧**(A):由画直线切换到画圆弧段。
- **闭合**(C):从当前位置到多段线起点绘制一条直线段以闭合多段线。
- **半宽**(H):多段线线段的中心到其一边的宽度。
- **长度**(L):给定下一直线段的长度,并与前一段直线同向,或与前一段圆弧相切。
- **宽度**(W):设置下一段宽度,选择此项后进一步提示:

指定起点宽度<当前值>:   输入起点宽度值或按[Enter]键接受当前值。

指定端点宽度<当前值>:   输入端点宽度值或按[Ente]]键接受当前值。

选"圆弧(A)"项后会出现另一些提示和选择项:

指定圆弧的端点或 [角度(A)/圆心(CE)/闭合(CL)/方向(D)/半宽(H)/直线(L)/半径(R)/第二个点(S)/放弃(U)/宽度(W)]:   指定点 (2) 或输入选项

- **圆弧端点**:制圆弧段,从多段线上一段的最后一点开始并与之相切。
- **角度**(A):从起点开始的圆弧包含角。选择此项并输入角度后有进一步提示:指定圆弧的端点或 [圆心(C)/半径(R)]:。
- **圆心**(CE):输入圆弧的圆心。选择此项并指定圆心后有进一步提示:指定圆弧的端点或 [角度(A)/长度(L)](选项指的是圆弧包含角和弦的长度)。
- **闭合**(CL):用圆弧段将多段线闭合。
- **方向**(D):指定圆弧段的起始方向。
- **直线**(L):退出"圆弧"选项并返回 PLINE 命令的初始提示。
- **第二个点**(S):指定"三点"方法画圆弧的第二点和端点。

【例3】使用多段线绘制如图 4-7 所示的箭头图形。

输入 PLINE 命令,提示与操作如下:

指定起点: 在绘图区选一点

当前线宽为 0.0000 指定下一个点或 [圆弧(A)/半宽(H)/长度(L)/放弃(U)/宽度(W)]:   w↵   选"宽度"项

指定起点宽度 <0.0000>:   ↵   确认起点的线宽为 0

指定端点宽度 <0.0000>:   10↵   设置端点线宽为 10

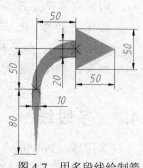

图 4-7 用多段线绘制箭

指定下一个点或 [圆弧(A)/半宽(H)/长度(L)/放弃(U)/宽度(W)]:   @0,80↵ 指定直线段端点,完成第一段

指定下一点或 [圆弧(A)/闭合(C)/半宽(H)/长度(L)/放弃(U)/宽度(W)]:   A↵   切换到画圆弧段

指定圆弧的端点或 [角度(A)/圆心(CE)/闭合(CL)/方向(D)/半宽(H)/直线(L)/半径(R)/第二个点(S)/放弃

(U)/宽度(W)]: w↵　选"宽度"项

　　指定起点宽度 <10.0000>:　↵　确认起点的线宽为 10

　　指定端点宽度 <10.0000>:　20↵　设置端点线宽为 20

　　指定圆弧的端点或 [角度(A)/圆心(CE)/闭合(CL)/方向(D)/半宽(H)/直线(L)/半径(R)/第二个点(S)/放弃

(U)/宽度(W)]:　@50,50↵　指定圆弧段端点，完成第二段

　　指定圆弧的端点或 [角度(A)/圆心(CE)/闭合(CL)/方向(D)/半宽(H)/直线(L)/半径(R)/第二个点(S)/放弃

(U)/宽度(W)]:　L↵　选择"直线"项，退出"圆弧"项

　　指定下一点或 [圆弧(A)/闭合(C)/半宽(H)/长度(L)/放弃(U)/宽度(W)]:　w↵　选"宽度"项

　　指定起点宽度 <20.0000>:　50↵　设置起点宽度为 50

　　指定端点宽度 <50.0000>:　0↵　设置终点宽度为 0

　　指定下一点或 [圆弧(A)/闭合(C)/半宽(H)/长度(L)/放弃(U)/宽度(W)]:　@50,0↵　指定终点，完成第三段

　　指定下一点或 [圆弧(A)/闭合(C)/半宽(H)/长度(L)/放弃(U)/宽度(W)]:　↵　结束命令

➢ FILL 命令控制多段线是否填充颜色。

➢ 分解命令（EXPLODE）（"修改"工具栏 ![按钮] 按钮），可以将整体的多段线分解成单个
　对象的直线（LINE）或圆弧（ARC）。

4.3.2　编辑多段线（PEDIT 命令）

　　PLINE 是重要的绘图命令，还有一些绘图命令（如矩形、多边形命令）也生成多段线对象。经常需要对多段线进行编辑，AutoCAD 提供了专用的多段线编辑命令 PEDIT。

　　命令输入：

　　❏ 菜单栏：【修改➜对象➜多段线(P)】

　　❏ "修改Ⅱ"工具栏：![按钮] 按钮

　　❏ 命令行：PEDIT（或别名 PE）↵

　　❏ 右键快捷菜单（选择要编辑的多段线，在绘图区单击右键）

　　输入 PEDIT 命令后提示：

选择多段线或 [多选(M)]

　　要求选择对象，或输入"m"，启用多个对象选择方式。接着出现的提示取决于选择了哪种对象。如果选定的对象是直线或圆弧，AutoCAD 将提示：

选定的对象不是多段线。　是否将其转换为多段线？<Y>

　　如果按[Enter]键接受<y>，选中对象将转换为二维多段线，然后可以进行其他编辑。

➢ 将系统变量 PEDITACCEPT 的值设置为 1 可以避免出现该提示，而直接将选中的一条直
　线或圆弧转换为多段线。使用系统变量的方法与在命令行输入命令名相同。

　　如果选择了二维多段线，则提示：

输入选项 [闭合(C)/合并(J)/宽度(W)/编辑顶点(E)/拟合(F)/样条曲线(S)/非曲线化(D)/线型生成(L)/放弃

(U)]:

　　选项说明：

　　PEDIT 命令的编辑项目较多，下面分类对部分选项作说明。

1. 合并多段线线段

PEDIT 命令可以将直线、圆弧或另一条多段线合并为一个单一的多段线。要合并成一体的对象，它们必须首尾相连、端点重合。如果端点不重合但接近，则必须从最初的提示中就选择"多选"选项。在设定的距离内（称为"模糊距离"），就可以自动通过修剪、延伸或用新的线段将它们连接起来。

● 合并(J)： 在不闭合多段线的端点添加直线、圆弧或多段线。

如果以前使用"多选"选项，选择了多个对象，则在选择"合并"项后显示以下提示：

输入模糊距离或 [合并类型(J)]<0.0000>：

要求输入距离，以便将要连接的端点包括在设置的模糊距离内。

● 合并类型(J)： 设置合并选定多段线的方法，选择此项后，进一步提示：

输入合并类型 [延伸(E)/添加(A)/两者都(B)] <延伸>：

要求设置连接处端点的连接方式。

● 延伸(E)： 通过将线段延伸或剪切至最接近的端点来合并选定的多段线。

● 添加(A)： 通过在最接近的端点之间添加直线段来合并选定的多段线。

● 两者都(B)： 如果可能，通过延伸或剪切来合并选定的多段线。否则，通过在最接近的端点之间添加直线段来合并选定的多段线。

如果合并多段线前原对象特性不相同，得到的多段线则将继承所选择的第一个对象的特性。如果合并会导致多段线非曲线化（原多段线对象已用 PEDIT 命令作过拟合曲线或样条曲线拟合编辑），AutoCAD 将丢弃原多段线的曲线化信息。用户可以在完成合并后重新进行拟合编辑。

2. 修改多段线的特性

可以通过闭合、打开多段线，以及移动、添加或删除单个顶点来编辑多段线。可以在任何两个顶点之间拉直多段线，也可以切换线型以便在每个顶点前或后显示虚线。可以为整个多段线设置统一的宽度，也可以分别控制各个线段的宽度。还可以通过多段线创建线性近似样条曲线。

● 闭合(C)： 连接最后一点和第一点，闭合多段线（该多段线在创建时，如果使用了"闭合"选项，AutoCAD 才认为它是闭合多段线，否则即使是首尾相连，也被认为是打开的）。

● 打开(O)： 使闭合的多段线打开。选定的多段线是闭合的才会出现该项。

● 宽度(W)： 为整个多段线指定新的统一宽度。如果要修改各段线段的起点、端点的宽度，则要选择"编辑顶点"选项中的"宽度"选项。

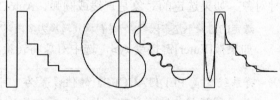

a)原多段线   b)拟合   c)样条曲线

图 4-8 "拟合"和"样条曲线"

● 编辑顶点(E)： 进入对多段线顶点的编辑状态。

● 拟合(F)： 将多段线拟合成一条通过各顶点的平滑圆弧曲线，如图 4-8 b)所示。

● 样条曲线(S)： 把多段线拟合成样条曲线，多段线的顶点用作样条曲线的控制点或控制框架，如图 4-8 c)所示。

● 非曲线化(D)： 拉直所有多段线线段。

● **线型生成**(L)：选该项后，出现另一组提示选项：输入多段线线型生成选项 [开(ON)/关(OFF)] <关>。其开关用来控制非连续线型的多段线在顶点处是否都以短划开始和结束，如图 4-9。

3. 编辑多段线的顶点

选"编辑顶点"项后，出现另一组提示选项：

输入顶点编辑选项 [下一个(N)/上一个(P)/打断(B)/插入(I)/移动(M)/重生成(R)/拉直(S)/切向(T)/宽度(W)/退出(X)] <N>：

● **下一个**(N)：使下一个顶点成为当前顶点。进入"编辑顶点"后，多段线的第一个顶点显示"×"标记，表示当前顶点（如果已指定此顶点的切线方向，则在此方向上绘制箭头）。

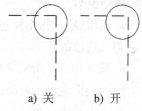

a) 关   b) 开

图 4-9 "线型生成"开关

● **上一个**(P)：使前一个顶点成为当前顶点。

● **打断**(B)：截断多段线。选择该项后，出现另一组提示选项："输入选项 [下一个(N)/上一个(P)/执行(G)/退出(X)] <N>"。通过移动"×"标记指定两个顶点，选"执行"项后删除两个顶点之间的线段。

● **插入**(I)：添加一个顶点，如图 4-10a)所示。

● **移动**(M)：移动当前顶点，如图 4-10b)所示。

● **重生成**(R)：重生成图形，以便观察编辑结果。

● **拉直**(S)：选择该项后，出现另一组提示选项："输入选项 [下一个(N)/上一个(P)/执行(G)/退出(X)] <N>"。通过移动"×"标记指定两个顶点，选"执行"项后删除所选两个顶点之间的所有顶点，使这一段多段线拉直，如图 4-10c)所示。

● **切向**(T)：设置当前顶点切线方向，用于控制拟合曲线的方向。

● **宽度**(W)：改变当前顶点后面一段线段的宽度。

● **退出**(X)：退出顶点编辑或终止"打断"和"拉直"选项。

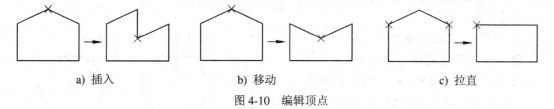

a) 插入   b) 移动   c) 拉直

图 4-10 编辑顶点

4.4 矩形和正多边形

4.4.1 绘制矩形（RECTANG 命令）

RECTANG 命令用闭合的多段线绘制矩形。

命令输入：

❑ 菜单栏：【绘图➙矩形(G)】

❑ "绘图"工具栏：▭ 按钮

❑ 命令行：RECTANG（或别名 REC）↵

输入命令后提示：

指定第一个角点或 [倒角(C)/标高(E)/圆角(F)/厚度(T)/宽度(W)]：

指定一个角点后又提示：

指定另一个角点或 [面积(A)/尺寸(D)/旋转(R)]:

通常在指定第一个角点后，用指定对角点的方法确定矩形，也可以用选项中的其他方法。

选项说明：

● **面积(A)：** 指定矩形的面积，然后要求指定长度或宽度以确定矩形。如果"倒角"或"圆角"选项的值不为零，则面积将包括倒角或圆角所产生的影响。

● **尺寸(D)：** 指定矩形的长度和宽度，当指定完长和宽之后又重复前一个提示：指定另一个角点或 [面积(A)/尺寸(D)/旋转(R)]，这时必须移动光标以显示矩形另一个角点可能的四个位置，并单击选定一个。

● **旋转(R)：** 指定矩形放置的旋转角度，如图 4-11 d)所示。

● **倒角(C)：** 对矩形的四个角作倒角，如图 4-11 a)所示。将提示输入倒角的两个距离。

● **圆角(F)：** 对矩形的四个角作圆角，如图 4-11b) 所示。将提示输入圆角的半径。

● **宽度(W)：** 设定矩形边线的宽度。如图 4-11c) 所示的矩形指定了宽度的矩形。

● **标高(E)/厚度(T)：**用于建一个有厚度或 Z 坐标不为 0 的矩形（参见 10.4 节的讨论）。

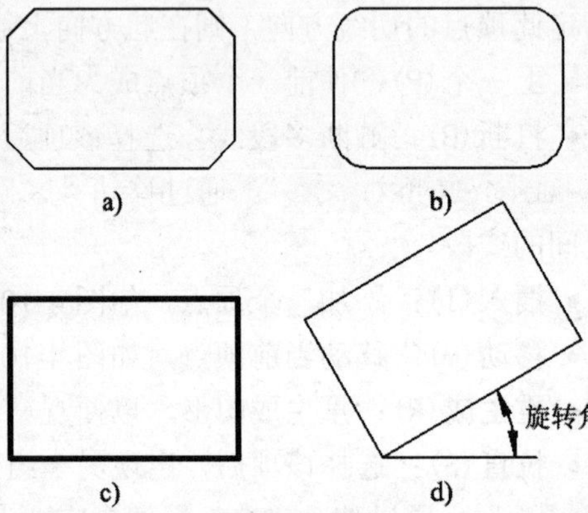

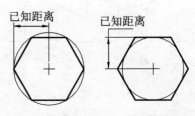

图 4-11　绘制带倒角、圆角、线宽、旋转的矩形

RECTANG 命令各个选项的缺省值都为零，如果在创建矩形时选择某项并设置了新值，以后建矩形时它将作为默认值。例如用"尺寸"项设置矩形的尺寸，以后就可以快速地绘制同一尺寸的矩形。

4.4.2　绘制多边形(POLYGON 命令)

命令输入：

❑ 菜单栏：【绘图➜多边形】

❑ "绘图"工具栏：□ 按钮

❑ 命令行：POLYGON（或别名 POL）↵

POLYGON 命令用多段线创建边数小于 1024 的正多边形，可以使用三种方法：

● 如果已知正多边形的中心到顶点的距离，通过指定中心和圆的半径来绘制圆的内接正多边形，如图 4-12 a) 所示。

a) 内接于圆　　b) 外切于圆

图 4-12　指定半径创建正多边形

● 如果已知正多边形中心到边之间的距离，通过指定中心和圆的半径来绘制圆的外切正多边形，如图 4-12 b) 所示。

● 通过指定边的长度和一条边的位置确定正多边形。

输入命令后首先要求输入多边形的边数，键入数字后下一步提示：指定正多边形的中心点或 [边(E)]:。

如果用前两种指定半径的方法创建正多边形，则先指定中心点，接着提示：

输入选项 [内接于圆(I)/外切于圆(C)] <I>:

根据已知条件选择一项后，接着提示要求指定圆的半径。可以用光标指定半径如图 4-13 所示，也可以用键盘输入半径值。半径值如果是用键盘输入的，AutoCAD 将绘制正置的正多边形，如图 4-12 中的六边形。

如果选择"边(E)"选项用第三种方法创建多边形，将提示指定边的两个端点，AutoCAD 按逆时针方向绘制多边形其他各边，如图 4-14 所示。

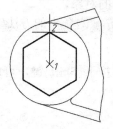 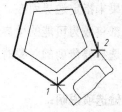

图 4-13　用光标指定半径　　图 4-14　指定边创建正多边形

> 用矩形和多边形命令创建的图形都是用闭合的多段线绘制的，可以用 PEDIT 命令进行编辑，也可用 EXPLODE 分解。

4.5　修剪和延伸对象

4.5.1　修剪对象(TRIM 命令)

命令输入：

❑ 菜单栏：【修改➜修剪(T)】

❑ "修改"工具栏：∕··· 按钮

❑ 命令行：TRIM（或别名 tr）↵

TRIM 命令以指定的剪切边界去修剪对象。

【例 4】将图 4-15 a)修改成如 d)所示。

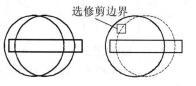

a) 原图　　　b) 选修剪边界　　c)选要修剪的对象　　d) 完成修剪

图 4.15　修剪对象的步骤

命令提示：

选择剪切边...　　选择对象或 <全部选择>

选择作为修剪边界的圆，如图 b)所示，按[Enter]键结束边界的选择。

选择要修剪的对象，或按住 Shift 键选择要延伸的对象，或[栏选(F)/窗交(C)/投影(P)/边(E)/删除(R)/放弃(U)]：

在要剪切的部位选择修剪对象，如图 4-15b) 所示三处部位。按[Enter]结束选择，三段图线被剪切，如图 4-15d) 所示。

对象可以同时作为剪切边和修剪对象。如图 4-16a) 所示，在提示选择剪切边时，用窗交方法选择两个矩形，矩形的边

a) 窗交选边界　　b) 选修剪部位　　c) 完成修剪

图 4-16　修剪对象

互为剪切边界，同时也是要被修剪的对象。

如果未指定边界而在"选择对象或 <全部选择>"提示下按[Enter]键，即接受默认选项，所有对象都将成为可能的边界。

在选择要修剪的对象时，如果按下[Shift]键，可以在"修剪"和"延伸"两个命令之间切换。

其他选项说明：

● 栏选(F)：使用"栏选"方法一次修剪多个对象，如图 4-17 所示例子。与第一章介绍的选择方法中的"栏选"有些不同，该处选择栏不构成闭合环。

● 窗交(C)：使用"窗交"方法一次修剪多个对象。

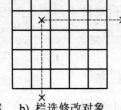 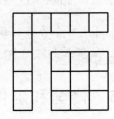

a) 指定边界：选择全部   b) 栏选修改对象   c) 完成修剪

图 4-17   栏选修改对象

● 投影(P)：在三维空间剪切时设置的边界投影选项（参见 10.7.5 节的讨论）。

● 边(E)：设置边延伸模式（是否假想延伸边界以剪切对象），选该项后提示：输入隐含边延伸模式 [延伸(E)/不延伸(N)] <不延伸>：。

默认设置为"不延伸(N)"，仅用实际的边界裁剪对象。选择"延伸(E)"，可作如图 4-18 所示的修剪。

● 删除(R)：删除选定的对象，而无需退出 TRIM 命令。

● 放弃(U)：取消上次剪裁操作。

a) 原图形   b) 完成修剪

图 4-18   边隐含延伸模式

4.5.2   延伸对象（EXTEND 命令）

命令输入：

□ 菜单栏：【修改➡延伸(D)】

□ "修改"工具栏：⎯/ 按钮

□ 命令行：EXTEND（或别名 EX）↵

EXTEND 命令使对象延伸到指定的边界，如图 4-19 所示。其操作步骤、选项与 TRIM 命令相同。在选择要延伸的对象时，可以按住[Shift]键在延伸和修剪操作之间切换。

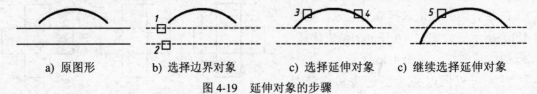

a) 原图形   b) 选择边界对象   c) 选择延伸对象   c) 继续选择延伸对象

图 4-19   延伸对象的步骤

4.6 改变线长（LENGTHEN 命令）

命令输入：

❑ 菜单栏：【修改➜拉长(G)】

❑ 命令行：LENGTHEN（或别名 LEN）↵

输入命令后提示：选择对象或 [增量(DE)/百分数(P)/全部(T)/动态(DY)]。要求选择对象或选择改变线长的方式，如果首先选择对象，命令行将报告该对象的长度，如果是圆弧，还报告包含角。要改变线长，应从选项中指定改变线长的方式，共有四种方式来改变线长：

● **增量**(DE)：以指定的增量修改对象的长度，并从距离选择点最近的端点处开始测量。对圆弧对象，还可以指定弧的角度增量。正值拉长对象，负值缩短对象。

● **百分数**(P)：以长度或角度百分数修改线长。

● **全部**(T)：输入新的总长或包含角度修改线长。

● **动态**(DY)：通过拖动选定对象的端点来改变其长度。

所选对象修改后，提示将一直重复，可以指定另一个对象，直到按[Enter]键结束命令。

4.7 偏移对象（OFFSET 命令）

OFFSET 命令创建与已有对象的平行的新对象，它们在图线的法向距离处处相等。如图 4-20 所示例子，图中较粗黑图线表示原对象，右边三个图形为多段线对象。

命令输入：

❑ 菜单栏：【修改➜偏移(O)】

❑ "修改"工具栏： 按钮

❑ 命令行：OFFSET（或别名 O）↵

输入命令后，提示：指定偏移距离或 [通过(T)/删除(E)/图层(L)] <1.0000>:。

可以用两种方法偏移对象：

1．指定偏移距离

图 4-20　偏移对象

给定偏移的距离后，提示：选择要偏移的对象或 <退出>。

选择一个对象后，提示：指定点以确定偏移所在一侧:。

拾取一点指明偏移在哪一侧，即创建新对象，AutoCAD 继续提示选取对象，可以连续重复偏移。

2．指定通过点

【例 5】偏移图 4-21 中的椭圆，使其通过矩形的角点。

输入命令后选择"通过(T)"选项，选择椭圆对象，命令行提示：指定通过点。

指定角点 2，即得到新对象。

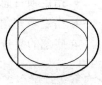

a) 选择对象　　　b) 指定通过点　　　c) 新对象

图 4-21　指定通过点偏移对象

其他选项说明：
- 删除(E)：偏移源对象后将其删除。
- 图层(L)：确定将偏移对象创建在当前图层上还是源对象所在的图层上。

4.8 阵列对象（ARRAY）

命令输入：
- □ 菜单栏：【修改➜阵列(A)】
- □ "修改"工具栏：![按钮图标]按钮
- □ 命令行：ARRAY（或别名 AR）

可以先选定一个或多个对象，然后输入 ARRAY 命令，打开"阵列"对话框，如图 4-22 所示。也可以先输入 ARRAY 命令，然后在"阵列"对话框上单击"选择对象"按钮，返回绘图区选择要阵列的对象。

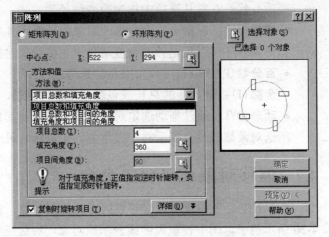

图 4-22 "阵列"对话框

如图 4-23 所示，ARRAY 命令可以按矩形或环形阵列复制对象，必须在对话框顶部选择阵列的类型。

- **矩形阵列**：在对话框上指定行和列的数目以及它们之间的距离。
- **环形阵列**：在对话框上单击"拾取中心点"按钮，返回绘图区指定环形中心。

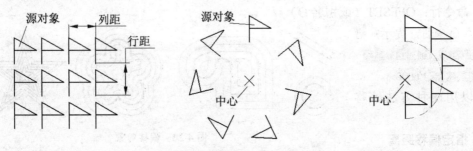

a) 矩形阵列   b) 环形阵列（360°填充角，旋转）   c) 环形阵列（-180°填充角，不旋转）

图 4-23 阵列对象

在"方法"下拉框有三种环形阵列的方法：
- 指定项目总数（包括源对象）和填充角（环形阵列所包含的角度）。
- 指定项目总数和项目间的角度。
- 指定填充角和项目间的角度。

在底部的复选框选定：对象沿环形方向复制时，自身是否旋转。

> ➢ 命令行输入命令时，如果键入："-array"（或"-ar"），ARRAY 命令将不使用对话框，只显示命令行提示。AutoCAD 中，其他导致显示对话框的命令也可以这样输入。

4.9 镜像对象（MIRROR 命令）

MIRROR 命令创建对象的镜像图像，这在绘制对称的图形时非常有用，如图 4-24 所示使用镜像绘制图形的例子。

命令输入：

❏ 菜单栏：【修改➡镜像(M)】

❏ "修改"工具栏：▲◣◥ 按钮

❏ 命令行：MIRROR（或别名 MI）↵

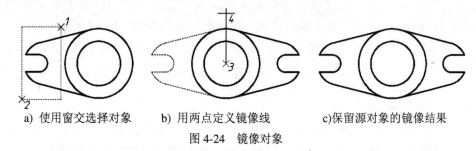

a) 使用窗交选择对象　　b) 用两点定义镜像线　　c)保留源对象的镜像结果

图 4-24　镜像对象

输入命令选择对象后，提示输入镜像线（即对称轴线）的第一点和第二点。指定两点后，可以选择保留或删除源对象。

➢ 如果在正交方向镜像，可开启"正交"功能，指定第一点后，在镜像线方向上移动光标，就可以快速地任意指定第二点。

➢ 文字对象镜像后是否呈反向，由系统变量 Mirrtext 决定，Mirrtext=0（缺省值）时镜像的文本保持正向，Mirrtext=1 时镜像的文本呈反向。

4.10　椭圆（ELLIPSE 命令）

4.10.1　绘制椭圆

AutoCAD 可以用以下方式绘制椭圆：

• **轴、端点**：指定椭圆一条轴的两个端点，然后指定第二条轴的半轴长。

• **中心点**：指定椭圆中心点和一条轴的一个端点，再指定第二条轴的半轴长。

• **旋转**：在指定了一条轴后，以此轴为直径定义一个圆，围绕这条轴旋转一个角度，其正投影是椭圆。

命令输入：

❏ 菜单栏：【绘图➡椭圆(E)】

❏ "绘图"工具栏：⬭ 按钮

❏ 命令行：ELLIPSE（别名 EL）↵

输入命令后提示：指定椭圆的轴端点或 [圆弧(A)/中心点(C)]。

用户根据具体情况先指定轴的端点，或者选择"中心点(c)"选项，先指定中心点，如图 4-25a)

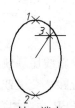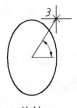

a) 轴、端点　　b) 中心点　　c) 旋转

图 4-25　绘制椭圆的各种方法

或图 b) 中的点 1。接着提示：指定轴的另一个端点： （或：指定轴的端点:）。

定义第一条轴后提示：指定另一条半轴长度或 [旋转(R)]:

在命令行输入第二条轴的半轴长，也可以移动光标，从中心点拖拽出橡皮筋，其长度即半轴长，单击一点确定长度完成椭圆，如图 4-25a) 或图 4-25b)所示。

如果选择"旋转(R)"选项，提示：指定绕长轴旋转的角度:。

在命令行输入旋转角度（最大值为 89.4°），或者用光标从中心拖拽橡皮筋，它与 x 轴的夹角即为旋转角度，单击一点确定角度，椭圆生成，如图 4-25c) 所示。

> ELLIPSE 命令可以创建两种类型的椭圆。系统变量 PELLIPSE 控制椭圆的类型，PELLIPSE 值为 0 时（缺省值）建立真实椭圆，PELLIPSE 值为 1 时用多段线以逼近法绘制椭圆。无论椭圆轴线是否在水平或铅垂位置，真实椭圆的象限点始终在椭圆轴线端点处。

4.10.2 绘制椭圆弧

输入椭圆命令后，选择"圆弧(A)"选项，或者直接在"绘图"工具栏单击 按钮。

在命令提示下先构造椭圆母体，与前面绘制椭圆的方法相同。完成构造后提示：指定起始角度或 [参数(P)]:。输入椭圆弧的起始角度后提示：指定终止角度或 [参数(P)/包含角度(I)]:。椭圆弧的起始角和终止角以椭圆构造过程的第一条轴的第一个端点的方向为测量基准。

AutoCAD 用两种模式创建椭圆弧："角度"模式和"参数"模式。"角度"模式用起始点、中心点、终止点的夹角定义椭圆弧的包含角。"参数"模式用参数化矢量方程式定义椭圆弧的包含角。用"参数"模式创建的椭圆弧，其对应扇形面积与母体椭圆面积之比，等于其包含角在一个圆周（360°）中的比

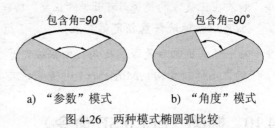

a) "参数"模式   b) "角度"模式

图 4-26 两种模式椭圆弧比较

率。如图 4-26 所示为两种模式的椭圆弧的比较，它们的椭圆母体和起始角度相同，包含角都为 90°。

4.11 倒角与圆角

4.11.1 创建倒角（CHAMFER 命令）

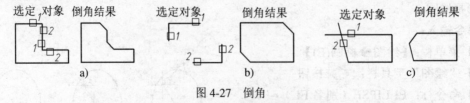

图 4-27 倒角

所谓"倒角"就是用一条斜线切除顶角。CHAMFER 命令可以对两条不平行的直线创建倒角，无论两条直线是首尾连接、交叉或延长后相交，如图 4-27 所示。

如图 4-28 所示，CHAMFER 命令用两种方式定义一个倒角：

● **距离方式**：指定两个倒角的距离。

● **角度方式**：指定一个距离和一个角度。

命令输入：

❑ 菜单栏：【修改➡倒角(C)】

❑ "修改"工具栏：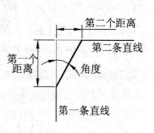 按钮

❑ 命令行：CHAMFER（别名 cha）↵

命令行显示当前的设置和主提示：

图 4-28　倒角的距离和角度

（"修剪"模式）当前倒角距离 1 = 0.0000，距离 2 = 0.0000

选择第一条直线或 [放弃(U)/多段线(P)/距离(D)/角度(A)/修剪(T)/方式(E)/多个(M)]:

通常首先选择"距离(D)"选项，依次设置两个倒角距离后，重复出现主提示，选择第一条直线后提示：选择第二条直线，或按住 Shift 键选择要应用角点的直线。

选择第二条直线，倒角完成。如果按住[Shift]键选择第二条直线，则以 0 替代当前的倒角距离，两条原来不相交的或交叉的直线生成顶角，如图 4-29 所示。

其他选项说明：

● **放弃(U)**：放弃本次命令中的最近一次操作。

● **多段线(P)**：选此项可在一次操作中对所选多段线上所有直线段的顶角作倒角。

选定对象　　　　0距离倒角

● **角度(A)**：选择角度方式。选此项后提示：

指定第一条直线的倒角长度 <0.0000>: 指定第一条直线的倒角距离

图 4-29　用 Shift 键选择

指定第一条直线的倒角角度 <0>: 指定倒角斜线与第一条直线边的夹角

● **修剪(T)**：设置倒角后是否修剪顶角处原直线，如图 4-30 所示。

● **方式(E)**：重新设置倒角方式（距离方式或角度方式）。

● **多个(M)**：为多组直线倒角，不必重新输入倒角命令。

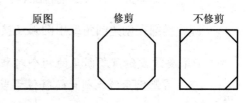

原图　　　　　修剪　　　　　不修剪

图 4-30　"修剪"模式的作用

4.11.2　创建圆角（FILLET 命令）

所谓"圆角"就是用圆弧取代两条直线的夹角，如图 4-31 所示。FILLET 命令不仅可以将尖角倒成圆角，而且可以用指定半径的圆弧将两个圆弧、圆、椭圆、直线、多段线等多种对象平滑连接。

选定对象　　圆角结果　　　原图　　　圆角结果　　　选定对象

图 4-31　圆角　　　　　　　　　　　　图 4-32　0 半径圆角

命令输入：

❑ 菜单栏：【修改➡圆角(F)】

□ "修改"工具栏：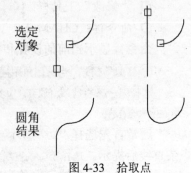按钮

□ 命令行：FILLET（别名 F）↵

命令行显示当前的设置和主提示：

当前设置: 模式 = 修剪，半径 = 0.0000

选择第一个对象或 [放弃(U)/多段线(P)/半径(R)/修剪(T)/多个(M)]

通常首先选择"半径(R)"选项，设置圆角半径，接着再
次出现主提示，选择两个要用圆弧连接的对象，完成圆角。也
可以按住[Shift]键选择对象，以 0 替代当前的半径值，使两条
原来不相交的或交叉的对象形成顶角，如图 4-32 所示。

　　除了设置半径外，"圆角"命令的其他选项与"倒角"命
令相同。

选定
对象

圆角
结果

图 4-33　拾取点

　　选定的对象之间可以存在多个可能的圆角弧，光标拾取点
决定圆角弧的位置，如图 4-33 的示例。

　　"圆角"命令对两条平行直线以 180° 的圆弧连接，其半径与所设半径值无关，所选择的
第一条直线的端点就是圆弧的起点，如图 4-34 所示，注意选取顺序对结果影响。

选定
对象

圆角
结果

原图　　　　　圆弧连接

图 4-34　平行直线的圆弧连接　　　　图 4-35　圆弧连接时圆不被修剪

　　圆、椭圆在创建圆角或用圆弧连接时不会被剪切，如图 4-35 所示。

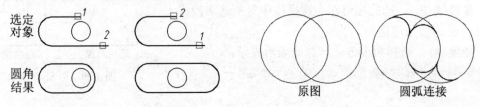

➤ 如果要建立倒角或圆角的两个对象都在同一图层，生成的倒角线或圆角弧将位于该图
层。否则倒角线或圆角弧将位于当前图层上。

➤ 两条独立的多段线之间，或者一条多段线与一条直线（LINE）之间进行倒角或圆角，
原对象和倒角线或圆角弧成为一条整体多段线，并位于先被选择对象所在图层。不封
闭的多段线，两端的直线段之间不能创建倒角或圆角。

4.12　旋转与缩放

4.12.1　旋转对象（ROTATE 命令）

命令输入：

□ 菜单栏：【修改➜旋转(R)】

□ "修改"工具栏：按钮

□ 命令行：ROTATE（别名 RO）↵

　　输入命令后要求选择对象。如图 4-36 的示例中，以窗交方式选择对象（1、2 点）。接着
提示"指定基点"。指定点 3 为基点（即旋转中心）。又提示"指定旋转角度"。在命令行输
入角度值，或者用光标指定点 4 确定旋转角度。完成旋转。

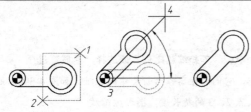

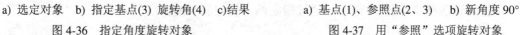

a) 选定对象   b) 指定基点(3) 旋转角(4)   c)结果   a) 基点(1)、参照点(2、3)   b) 新角度 90°

图 4-36　指定角度旋转对象   图 4-37　用"参照"选项旋转对象

选项说明：

● **复制(C)**：原对象保留，旋转到指定位置的新对象是原对象的副本。

● **参照(R)**：将对象从指定的角度旋转到新的绝对角度，此选项适用于无法指定旋转角度的场合，如下例。

【例 6】 将图 4-37 所示的多边形，绕中心旋转到指定的边处于铅垂的位置。

输入命令后，选择多边形对象，接着提示：

指定基点　指定中心点 1，如图 4-37a) 所示

指定旋转角度，或 [复制(C)/参照(R)] <0>　R↵　由于不能直接指定旋转角度，故选择"参照"选项

指定参照角度 <0>：　依次指定 2、3 两点，它们确定的方向即参照角度，如 4-37a) 所示

指定新角度或 [点(P)] <上一个新角度>：90 ↵　输入值或指定两点来指定新的绝对角度

也可以选择"点(P)"选项，通过指定两点确定新角度方向。

4.12.2　缩放对象（SCALE 命令）

命令输入：

❑　菜单栏：【修改➜缩放(L)】

❑　"修改"工具栏：　□ 按钮

❑　命令行：SCALE（别名 SC）↵

SCALE 命令使对象按照给定的比例缩小或者放大。如图 4-38 的示例，输入命令后要求选择对象，以窗口方式（1、2 点）选择对象。接着提示"指定基点"。指定点 3 为缩放的基点。又提示"指定比例因子"。在命令行输入 1.5，新图形的尺寸是原来的 1.5 倍。

选项说明：

● **复制(C)**：原对象保留，缩放的结果是原对象的副本。

● **参照(R)**：按参照长度和指定的新长度缩放所选对象。将现有距离作为新尺寸的基础。此选项适用于无法确切了解比例因子的场合，如例 6。

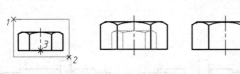

a) 选对象、基点　b) 比例因子 1.5　c) 结果   a) 基点　　b) 参照点　　c) 新长度

图 4-38　用比例因子缩放对象   图 4-39　用"参照"选项缩放对象

【例 7】 将图 4-39a) 所示图形以中心为基点进行缩放，使交叉五角星形的边长缩放到 50mm。

输入命令后，选择星形和圆，接着提示：

指定基点　指定中心点 1，如图 4-39a) 所示

指定比例因子或 [复制(C)/参照(R)] <1.0000>　R↵　不知缩放比例，故选择"参照"选项

指定参照长度 <1.0000>:　依次指定参照点 2、3，它们的距离作为新尺寸的基础，如图 4-39b) 所示

指定新的长度或 [点(P)] <1.0000>:　50 ↵　输入点 2、3 的新长度，图形被缩放

也可以选择"点(P)"选项，通过指定两点确定新长度。

4.13　对齐（ALING 命令）

ALING 命令对二维和三维对象进行位置对齐操作。对齐操作可包含移动、旋转和缩放。

命令输入：

❑ 菜单栏：【修改➜三维操作➜对齐(L)】

❑ 命令行：ALING（别名 AL）↵

【例 7】将图 4-40 中管径较大的法兰对齐接于三通管上。

输入命令后，以窗选选择对象如图 a)，接着提示：

指定第一个源点:　　捕捉点 1

指定第一个目标点:　　捕捉点 2

指定第二个源点:　　捕捉点 3

指定第二个目标点:　　捕捉点 4

指定第三个源点或 <继续>: ↵ 按

[Enter]结束取点（三维对齐需取第三点）

是否基于对齐点缩放对象？[是(Y)/否

(N)] <否>: y↵　以 Y 回应，结果见图 c)

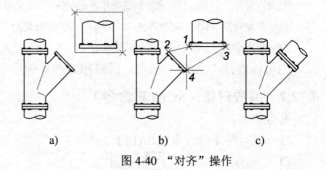

a)　　　　　　　　b)　　　　　　　　c)

图 4-40　"对齐"操作

4.14　拉伸对象（STRETCH 命令）

STRETCH 命令可以拉伸（或压缩）对象。

命令输入：

❑ 菜单栏：【修改➜拉长(G)】

❑ "修改"工具栏：▧ 按钮

❑ 命令行：STRETCH（别名 S）↵

输入命令后提示：

以交叉窗口或交叉多边形选择要拉伸的对象..

选择对象:

STRETCH 命令必须使用窗交，或多边形窗交方法选择要拉伸的对象。该命令将重定位在交叉选择窗口内的对象的顶点和端点。

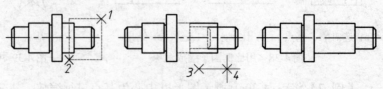

a) 窗交（1、2）　　b) 基点和拉伸点(3、4)　　c) 结果

图 4-41　拉伸对象

　　如图 4-41 示例，以 1、2 两点窗交方法，包围轴右端部分对象，按[Enter]键后提示：指定基点或 [位移(D)] <位移>:。

　　指定一点 3 为基点，又提示：指定第二个点或 <使用第一个点作为位移> 。

　　在正交模式下移动光标，指定第二点 4，两点确定了拉伸矢量。要进行精确拉伸，应通过对象捕捉和输入相对坐标等方法指定第二个点。命令结果，被交叉窗口部分地包围的轴段往右拉长，被完全包围的轴段被右移。

　　STRETCH 与 COPY 和 MOVE 命令一样，选择"位移（D）"选项就可以直接输入位移量来指定拉伸矢量。

　　如图 4-42 所示是一些对象用 STRETCH 命令拉伸的例子。

　　STRETCH 命令常用于改变图形的长或宽，以及图形中某些结构的位置，如图 4-41 和 4-43 所示。用光标沿水平或铅垂方向指定拉伸点时应该使用正交模式或极轴追踪。

　　圆、椭圆、文字、图块不能被拉伸变形。如果它们的中心或插入点在包围框内时被位移。

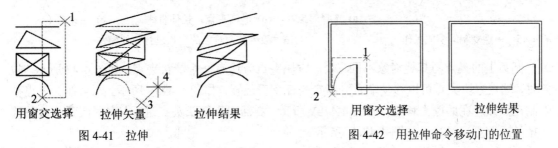

用窗交选择　　　拉伸矢量　　　拉伸结果　　　　　　　用窗交选择　　　　拉伸结果

图 4-41　拉伸　　　　　　　　　　　　图 4-42　用拉伸命令移动门的位置

4.15　使用夹点编辑对象

　　在没有命令输入状态下选择对象，对象的关键点上会出现实心的小方框（默认为蓝色），称为夹点（Grip）。如图 4-43 所示的是圆、直线、矩形和单行文字的夹点。可以通过夹点快速进行编辑。

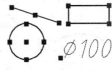

图 4-43　夹点

　　单击某一夹点，它就显示为红色，表示被激活。激活的夹点是所选对象在被编辑时的基点。夹点激活时命令区出现下列提示：

** 拉伸 **

指定拉伸点或 [基点(B)/复制(C)/放弃(U)/退出(X)]:

　　第一行提示当前处于拉伸（STRETCH）操作模式。按[Enter]键或空格键可依次在拉伸、移动、旋转、缩放和镜像五种操作模式间切换。也可以单击右键。在快捷菜单上选择操作模式和选项，如图 4-44 所示。

　　每种编辑模式都有"基点(B)"选项，可以重新指定任意点为基点。"复制（C）"选项可在编辑对象的同时保留源对象，而且能够进行多重复制。

　　● 拉伸：通过将激活的夹点移动到新的位置来拉伸对象。例如，移动直线端点、矩形角点、圆象限点上的夹点将拉伸对象。

　　移动圆的象限夹点，或者激活一个象限夹点后，在命令行输入一个距离改变半径，注意距离是从圆心开始测量，而不是从选择的夹点开始测量的。

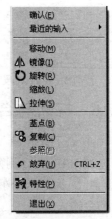

图 4-44　夹点模式
快捷菜单

圆心、文字、直线中点、图块上的夹点将移动对象。

- **移动**：按指定的下一点移动对象。
- **旋转**：通过拖动或输入角度值旋转对象。
- **缩放**：从基点向外或向内拖动，或输入一个数值来缩放对象。如图 4-45 所示为激活圆的象限夹点，并且选择"复制"选项，进行多重复制的缩放操作。
- **镜像**：激活的夹点是镜像时镜像线上的一点，移动光标出现临时镜像线。

可以同时选择多个对象进行夹点编辑，这时多个对象上都出现夹点，按住[Shift]键可以激活多个夹点。如图 4-46 的示例中，对两条直线同时作拉伸编辑。

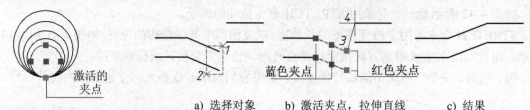

a) 选择对象　　　b) 激活夹点，拉伸直线　　　c) 结果

图 4-45　多重复制的缩放操作　　　　图 4-46　激活多个对象的夹点进行拉伸操作

圆弧上的夹点与其他对象不同，端点方块夹点旁还有一个箭头夹点，如图 4-47 所示。拉伸时，端点方块夹点可以移动端点到指定的任意新位置，如图 4-47a) 所示。端点箭头夹点被限制在圆弧所在的圆上移动，如图 4-47b) 所示。激活中点箭头夹点进行拉伸，圆弧将被偏移（拉长或缩短半径），如图 4-47c) 所示。

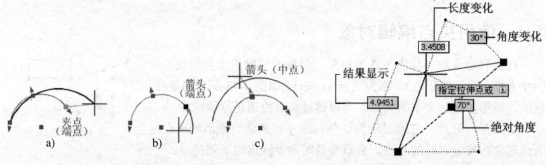

图 4-47　利用夹点拉伸圆弧　　　　图 4-48　夹点操作时的动态输入

开启"动态输入"功能（状态栏 **DYN** 按钮）状态下使用夹点编辑对象，"动态输入"工具栏的提示可能会显示原长度、移动夹点时更新的长度、长度的改变、角度、移动夹点时角度的变化、圆弧的半径等信息，如图 4-48 所示。

操作结束后，按一次[Esc]键取消激活，再次按[Esc]键取消夹点和选择。

4.16　打断与合并

4.16.1　打断对象（BREAK 命令）

BREAK 命令用两个打断点将一个对象部分删除，或断于同一点成两个对象。直线、圆弧、圆、多段线、椭圆以及其他几种类型的对象都可以用 BREAK 命令。

命令输入：

❑ 菜单栏：【修改➜打断(K)】

□　"修改"工具栏：▢ 按钮
□　命令行：BREAK（别名 BR）↵

输入命令后提示：选择对象：。

如果用光标点取对象，AutoCAD 将选择点
视为第一个打断点。接着提示：指定第二个打断
点 或 [第一点(F)]：。在对象上指定点后，两点之
间的对象被删除。如果指定第二个点时光标不
在对象上，AutoCAD 将以对象上离拾取点最近
的点为断开点，如图 4-49a)所示。如果第二个点

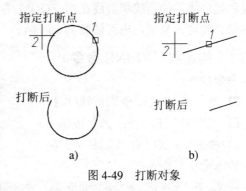

图 4-49　打断对象

位置在对象端点的外侧，AutoCAD 将删除对象的一端，如图 b)所示。

如果在第一次点击对象后，选择"第一点(F)"选项，则提示：指定第一个打断点：。要求
指定对象上新的一点替换原来的第一个打断点。

要将对象一分为二，不删除任何一部分，输入的第一个点和第二个点应重合。在"指定
第二个打断点"的提示下，输入"@"（与"@0,0"等效）即可。也可以直接使用"修改"工
具栏上的"打断于点"按钮 ▢ 。圆和椭圆不能于一点断开。

将圆或椭圆打断成弧，按逆时针方向删除圆或椭圆上第一个打断点到第二个打断点之间
的部分。

4.16.2　合并对象（JOIN 命令）

使用 JOIN 命令可以将同一个平面内的多个相似对象合并为一个对象。

命令输入：

□　菜单栏：【修改➜合并(J)】
□　"修改"工具栏：→← 按钮
□　命令行：JOIN（别名 J）↵

输入命令后提示选择源对象，当用户选择一条直线、多段线、圆弧、椭圆弧或样条曲线
时，AutoCAD 将根据源对象的类型提示选择要合并到源的对象。

合并对象有一定的限制：

- **直线与直线**：必须共线，但是它们之间可以有间隙。
- **多段线**：源对象是多段线，要合并到源对象上的可以是多段线、直线或圆弧。对象之
间不可以有间隙。
- **圆弧与圆弧**：要合并的圆弧必须位于同一圆上，它们之间可以有间隙。"闭合(L)"选
项可将源对象（圆弧）闭合成完整的圆。
- **椭圆弧与椭圆弧**：椭圆弧必须位于同一椭圆上，它们之间可以有间隙。"闭合(L)"选
项可将源对象（椭圆弧）闭合成完整的椭圆。

合并两条圆弧或椭圆弧时，将从源对象开始按逆时针方向合并圆弧或椭圆弧。

- **样条曲线与样条曲线**：对象在同一个平面并且必须首尾相邻（端点到端点放置）。

4.17　创建无限长直线

构造线和射线分别是向两个方向和一个方向无限延伸的直线，可用作创建其他对象的参

照线和辅助线。构造线和射线在用 ZOOM 命令的"范围(E)"选项中被忽略。无限长线也可以移动、旋转、复制，也可被修剪、打断。

4.17.1 构造线（XLINE 命令）

命令输入：

❑ 菜单栏：【绘图➜构造线(T)】

❑ "绘图"工具栏：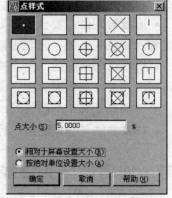 按钮

❑ 命令行：XLINE（别名 xl）↵

输入命令后提示：

指定点或［水平(H)/垂直(V)/角度(A)/二等分(B)/偏移(O)］

可以使用多种方法指定构造线的方向。默认方法是指定两点定义方向。第一个点是构造线名义上的"中点"，第二个点是构造线通过的一点。命令行将继续提示指定通过点创建其他构造线线，直至按[Enter]键结束命令。

选项说明：

• **水平(H)/垂直(V)：** 指定一个经过的点，创建平行于 X 轴或 Y 轴的构造线。

• **角度(A)：** 指定倾角和经过的点来创建构造线，或者选择一条参考直线，指定构造线与那条直线的相对角度。

• **二等分(B)：** 创建的构造线二等分指定的角。

• **偏移(O)：** 通过给定偏移量或指定经过点创建平行于指定基线的构造线。

4.17.2 射线（RAY 命令）

命令输入：

❑ 菜单栏：【绘图➜射线(R)】

❑ 命令行：RAY↵

指定起点和通过点创建射线。命令行将继续提示指定通过点创建其他射线，直至按[Enter]键结束命令。

4.18 点对象

"点"对象可以用作绘图和编辑图形时的参照。用捕捉节点（node）模式进行捕捉。一般需要设置点对象的外观样式，以使它们有更好的可见性。

4.18.1 点样式

单击菜单栏【格式➜点样式(P)】（即 DDPTYPE 命令），打开"点样式"对话框，如图 4-50 所示。以相对于屏幕或使用绝对单位设置点的样式和大小。设置后将影响图形中所有点对象的显示。使用 REGEN（重生成）命令会使修改立即可见。

4.18.2 创建点对象（POINT 命令）

命令输入：

❑ 菜单栏：【绘图➜点➜多点(P)或单点(S)】

图 4-50 "点样式"对话框

❏ "绘图"工具栏：⟨·⟩ 按钮

❏ 命令行：POINT（别名 PO）↵

输入命令后提示：

当前点模式： PDMODE=0 PDSIZE=0.0000

指定点：

通过工具栏输入该命令为"多点"方式，命令行将重复提示指定点，按[Esc]键结束命令。

4.19　等分对象

4.19.1　定数等分（DIVIDE 命令）

DIVIDE 命令在选定对象上沿长度或周边，按指定分段数在等分处创建点对象（Point）或放置块（Block，有关内容参见 7.1 节的讨论）。

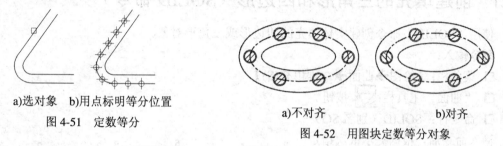

a)选对象　b)用点标明等分位置

图 4-51　定数等分

a)不对齐　　　　b)对齐

图 4-52　用图块定数等分对象

命令输入：

❏ 菜单栏：【绘图➔点➔定数等分(D)】

❏ 命令行：DIVIDE（别名 DIV）↵

输入命令后提示选择要定数等分的对象，然后提示：输入线段数目或[块(B)]:。

DIVIDE 命令并不将对象等分打断为单独的对象，它仅仅是标明定数等分的位置，以便将它们作为参考点。如图 4-51 所示为用点等分的例子。

如果要在等分点放置块，应选择"块(B)"选项，并在进一步的提示中指定块是否与所选对象对齐。选"对齐"时图块将随对象的法向而旋转。如图 4-52 所示是用已定义块等分椭圆的例子。

4.19.2　定距等分（MEASUE 命令）

命令输入：

❏ 菜单栏：【绘图➔点➔定距等分(M)】

❏ 命令行：MEASUE（别名 ME）↵

MEASUE 命令的用法与 DIVIDE 命令相近，不同处在于要求输入的是分段长度而不是等分数目。MEASUE 命令沿选定对象按指定间隔创建点对象，或放置图块。从选择对象时最靠近的端点处开始放置，如图 4-53 所示。

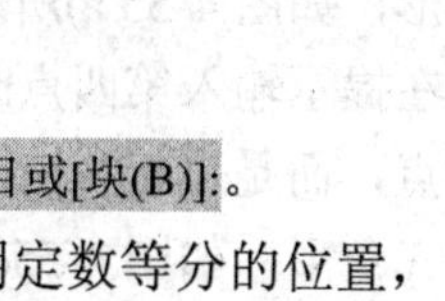

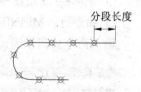

分段长度

定数等分和定距等分的对象如果是闭合多段线，就从该对象创建时的第一个点处开始。圆、椭圆等对象的等分从 0°位置开始。

图 4-53　定距等分

4.20 填充圆环（DONUT 命令）

命令输入：

□ 菜单栏：【绘图➜圆环(D)】

□ 命令行：DONUT（别名 DO）↵

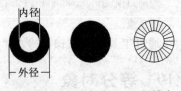

a)圆环   b)内径为 0   c)不填充

图 4-54 绘制圆环

创建圆环要指定它的内、外直径和圆心。可以继续创建具有相同直径的多个副本，直至按[Enter]结束。将内径值指定为 0，即创建填充圆。如图 4-54 所示。

DONUT 实质上是封闭的多段线。

"FILL"命令控制多段线、圆环等对象是否填充颜色。

4.21 创建填充的三角形和四边形（SOLID 命令）

使用"SOLID"命令创建实体填充的四边形或三角形对象。

命令输入：

□ 菜单栏：【绘图➜曲面➜二维填充(S)】

□ "曲面"工具栏： 按钮

□ 命令行：SOLID（别名 SO）

输入命令后，根据提示依次指定四个点，创建以这四点为顶点的填充四边形，如图 4-55 a)所示。

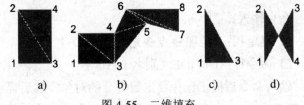

a)   b)   c)   d)

图 4-55 二维填充

在提示输入第四点时，如果不指定一点，而是直接按[Enter]键则构成填充三角形，如图 4-55c) 所示。

在完成一个 SOLID 对象后，最后指定的两点构成下一个 SOLID 图形的第一条边，命令行会重复提示指定第三、第四点，可以连续构成 SOLID 对象，如图 b)的示例。

比较图 4-55a) 与图 4-55d) 可以看出各点位置的顺序对对结果的影响。

与其他填充对象（宽多段线、圆环等）一样，FILL 命令控制 SOLID 对象是否填充颜色。

4.22 多条平行直线

4.22.1 创建多线（MLINE 命令）

命令输入：

□ 菜单栏：【绘图➜多线(M)】

□ 命令行：MLINE（别名 ML）↵

输入命令后提示当前的设置并要求指定起点：

当前设置: 对正 = 上，比例 = 20.00，样式 = STANDARD。

指定起点或 [对正(J)/比例(S)/样式(ST)]:

可以使用包含两条直线，两线距离为 1（当前单位），名称为"STANDARD"的多线样式,如图 4-56 所示,也可以选择"样式(ST)"选项,指定一个已有的其他样式。

一般先要选择"对正(J)"选项,设置起点对正类型。进一步提示:输入对正类型 [上(T)/无(Z)/下(B)] <上>: 。三种对正类型见图 4-57。

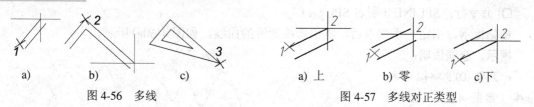

图 4-56 多线   图 4-57 多线对正类型

还要选择"比例(S)"选项,控制多线的全局宽度,缺省比例为 20。

绘制多线的过程与直线 LINE 类似。

4.22.2 多线样式

单击菜单栏【格式➜多线样式(M)】(MLSTYLE 命令),打开"多线样式"对话框,可以新建多线样式或修改已有样式。单击新建打开"创建新的多线样式"对话框,为多线样式命名后打开"新建多线样式"对话框,如果单击修改,则打开内容相同的"修改多线样式"对话框。可以添加和删除元素(即平行直线)、偏移距离、设置元素的颜色、线型,线端封口、填充颜色等。设置后应存储多线样式,以便多次使用。

从对话框可看出名为"STANDARD"的默认多线样式的两条直线各偏移中心 0.5,因此两线的原始间距为 1。绘制多线,在默认比例 20 的情况下,两线的实际间距是 20。

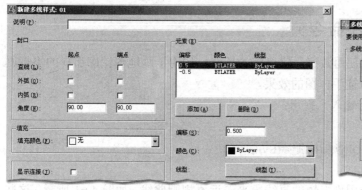

图 4-58 "新建多线样式"对话框

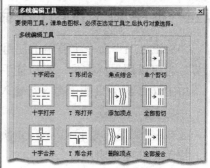

图 4-59 多线编辑工具

4.22.3 编辑多线

MLINE 对象不能用 TRIM、EXTEND、LENGTHEN、FILLET、CHAMFER、OFFSET 等常用编辑命令修改,必须使用专用的编辑命令"MLEDIT"。

菜单栏【修改➜对象➜多线(M)】,打开如图 4-59 所示"多线编辑工具"对话框。点击一个工具,然后按命令行提示依次选择要编辑的多线。

4.23 样条曲线(SPLINE 命令)

"样条曲线"是经过或接近一系列给定点的光滑曲线,用于绘制复杂而不规则曲线形状的场合,如汽车外形、船体断面、地图等高线等。SPLINE 命令将创建非均匀有理 B 样条(NURBS)曲线。

命令输入：

❑ 菜单栏：【绘图➜样条曲线(S)】

❑ "绘图"工具栏：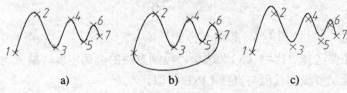

❑ 命令行：SPLINE（别名 SPL）↵

根据提示，指定一系列点后，就拟合成光滑的曲线，如图 4-60a) 所示。

提示、选项说明：

● **对象(O)**：将拟合多
段线（参见 4.3.2. PEDIT
命令）转换成真正的样条
曲线。

        a)   b)   c)

● **闭合(C)**：闭合样条

图 4-60　样条曲线

曲线，如图 4-60b) 所示。选此项后会进一步提示要求指定闭合处的切向。可以移动光标或者输入角度值。如果按[Enter]键，则由控制点决定切向。

● **拟合公差(F)**：控制样条曲线与指定点之间的接近程度。公差为零时样条曲线通过拟合点。可以改变拟合公差查看拟合效果，如图 4-60c) 所示。

● **起点切向/端点切向**：定义样条曲线的第一点和最后一点的切向。可以移动光标或者输入角度值来改变。如果在此提示下按[Enter]键，则由控制点决定切向。

SPLINE 还可以在三维空间创建三维样条曲线。

编辑样条曲线需要用 SPLINEDIT 命令。

4.24　徒手画（SKETCH 命令）

"SKETCH"命令主要用于使用数字化仪追踪的场合，如用于画地图轮廓那样的不规则边界。也可以用鼠标定位，类似徒手作图的效果。

SKETCH 命令只能由命令行输入，提示：

记录增量 <1.0000>:

徒手画.　画笔(P)/退出(X)/结束(Q)/记录(R)/删除(E)/连接(C)。

提示、选项说明：

● **记录增量**：SKETCH 命令用许多短的直线段来逼近不规则曲线，如图 4-61 所示。这些直线段的长度由"记录增量"控制。光标移动的距离必须大于记录增量才能生成线段。

● **画笔(P)**：控制落笔与提笔。键入 P 或单击
鼠标左键即落笔，此时移动光标开始徒手画线，再
次键入 P 或单击鼠标左键即提笔，停止画线。

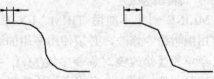

● **退出(X)**：将刚才绘制的临时草图记录下来，
并报告线段数，结束命令。

  a) 较小的记录增量   b) 较大的记录增量

● **结束(Q)**：放弃临时草图并结束命令。

图 4-61　徒手画.

● **记录(R)**：将刚才绘制的临时草图记录为永久线段，但不退出命令，也不改变笔的位置，可继续画线。

● **删除(E)**：光标移过临时草图时可进行删除。

● 连接(C)：提笔后要继续从上一个线段的终点处接着画。

➢ 系统变量 SKPOLY 控制 SKETCH 命令绘制的是直线段（LINE），还是多段线（PLINE）。SKPOLY 的值为 0 时创建直线段，SKPOLY 的值为 1 时创建多段线。

➢ 徒手画图时，应关闭正交功能，以免画出锯齿状图线。

练习题

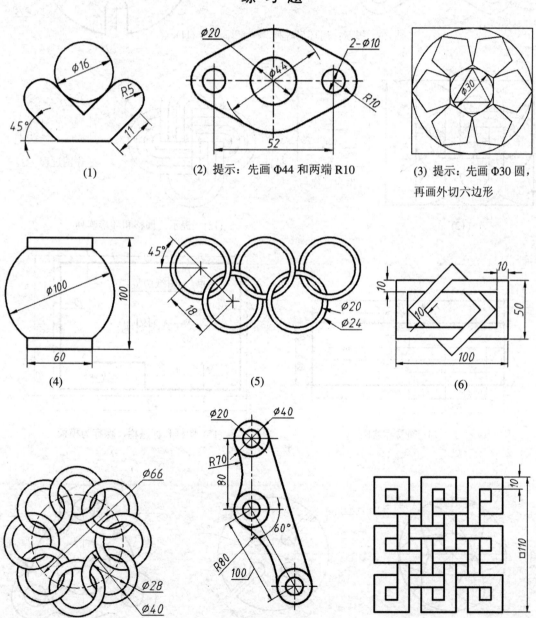

(1)

(2) 提示：先画 Φ44 和两端 R10

(3) 提示：先画 Φ30 圆，再画外切六边形

(4)

(5)

(6)

(7)

(8) 提示：先作圆，再修剪成圆弧

(9) 提示：用偏移和修剪

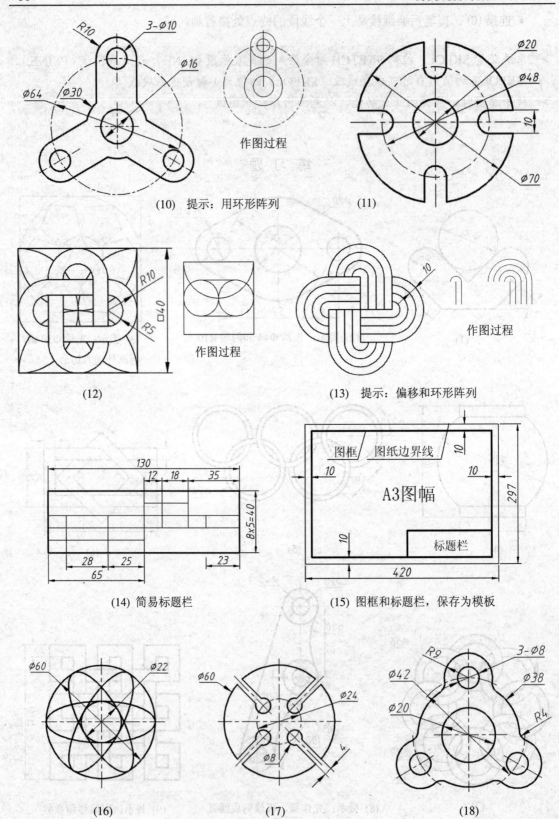

(10) 提示：用环形阵列

(11)

(12)

(13) 提示：偏移和环形阵列

(14) 简易标题栏

(15) 图框和标题栏，保存为模板

(16)

(17)

(18)

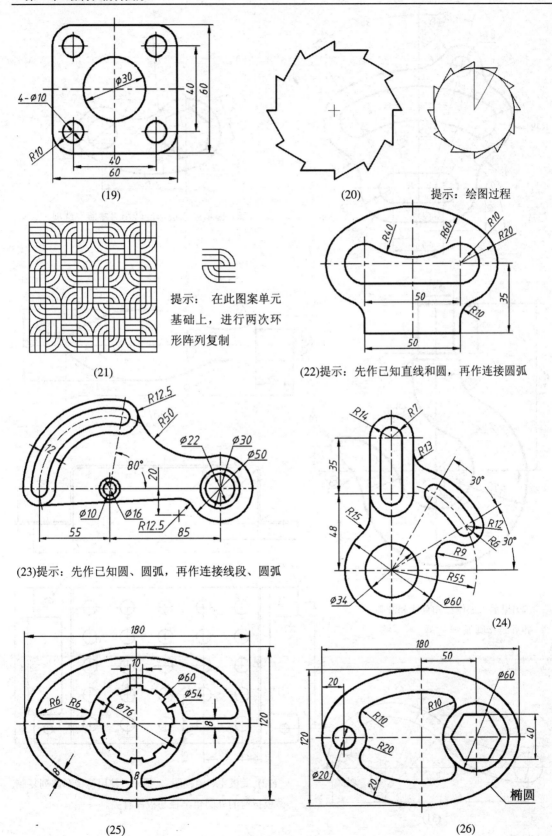

(19)

(20)

提示：绘图过程

(21)

提示：在此图案单元基础上，进行两次环形阵列复制

(22)提示：先作已知直线和圆，再作连接圆弧

(23)提示：先作已知圆、圆弧，再作连接线段、圆弧

(24)

(25)

(26)

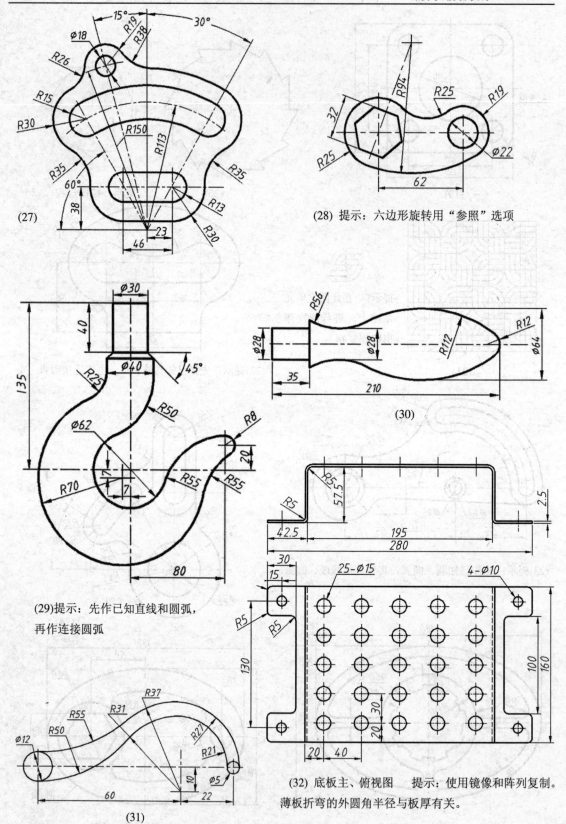

(27)

(28) 提示：六边形旋转用"参照"选项

(30)

(29)提示：先作已知直线和圆弧，
再作连接圆弧

(31)

(32) 底板主、俯视图　　提示：使用镜像和阵列复制。
薄板折弯的外圆角半径与板厚有关。

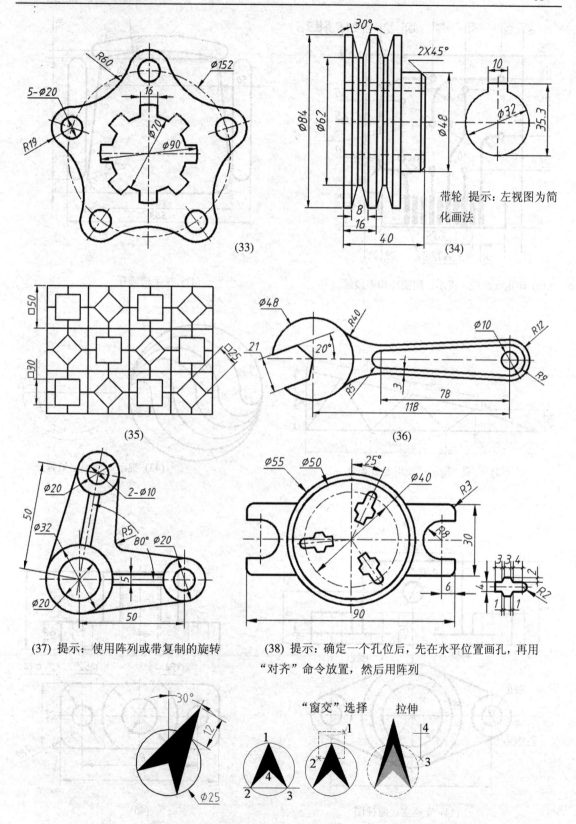

(33)

(34) 带轮 提示：左视图为简化画法

(35)

(36)

(37) 提示：使用阵列或带复制的旋转

(38) 提示：确定一个孔位后，先在水平位置画孔，再用"对齐"命令放置，然后用阵列

(39) 提示：使用 SOLID 画填充四边形，然后拉伸、旋转。也可以利用夹点编辑。

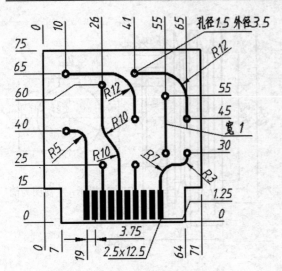

(40) 印刷线路板   提示：用圆环和多段线

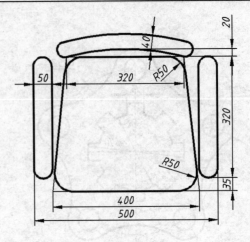

(41) 扶手椅俯视

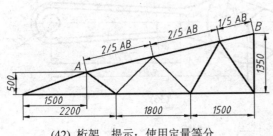

(42) 桁架   提示：使用定量等分

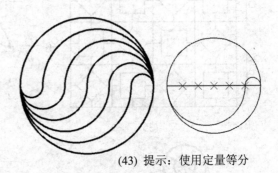

(43) 提示：使用定量等分

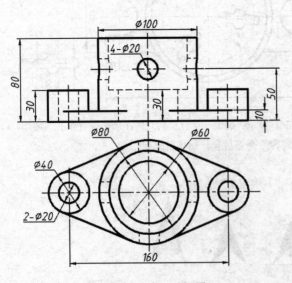

(44) 支座主、俯视图

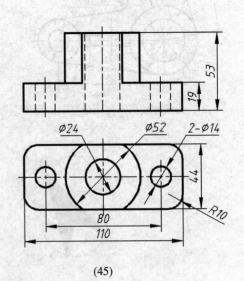

(45)

提示：画三视图时各视图必须符合投影关系。在已有两个视图的基础上绘制第三视图时，可参考 46、47 题的方法：

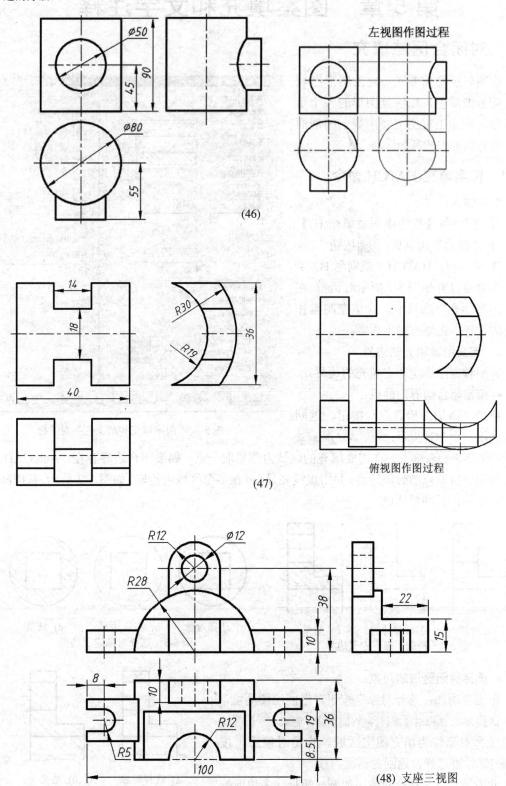

(46)

(47)

(48) 支座三视图

第 5 章　图案填充和文字注释

5.1　对闭合区域填充

　　绘图时经常需要在一定的图形区域填充符号或颜色，以区分图形的各个组成部分。例如工程图上要用规定的剖面符号填充图形中的断面区域。

5.1.1　图案填充(HATCH 命令)

命令输入：

□ 菜单栏：【绘图➜图案填充(H)】

□ "绘图"工具栏：▨ 按钮

□ 命令行：HATCH（或别名 H）↵

该命令打开如图 5-1 所示对话框。在其"图案填充"选项卡，对填充图案作必要的设置，主要有如下内容。

1．定义图案填充的边界

有两种方法指定图案填充的边界：

● **指定闭合边界内的点：**

单击"添加：拾取点"按钮，返回绘图环境，命令行提示：拾取内部点或[选择对象(S)/删除边界(B)]：。在需要填充的区域内部拾取一点。如果闭合边界存在，AutoCAD 将定义包围该拾取点的封闭边界，并用虚线亮显。可在多个区域内拾取，如图 5-2 所示。按[Enter]键结束选择，返回对话框。

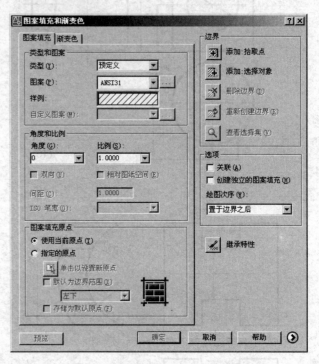

图 5-1　"图案填充和渐变色"对话框

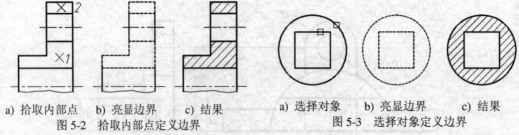

a) 拾取内部点　b) 亮显边界　c) 结果　　　　a) 选择对象　b) 亮显边界　c) 结果
　　图 5-2　拾取内部点定义边界　　　　　　　　图 5-3　选择对象定义边界

● **选择封闭区域的对象：**

单击"添加：选择对象"按钮，返回绘图环境，命令行提示：选择对象或[拾取内部点(K)/删除边界(B)]：。要求选择对象作为填充图案区域。指定对象后，按[Enter]键结束选择，返回对话框。

此方法适合于闭合对象，如圆、矩形、多边形等

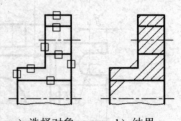

a) 选择对象　　b) 结果
图 5-4　不正确的选择方法

对象的内部填充，如图 5-3 所示。如果选择的是几个对象相交形成的闭合区域，或是非闭合的，填充结果可能难于意料，例如图 5-4 所示的情况。这种场合应该改用拾取内部点的方法定义边界。

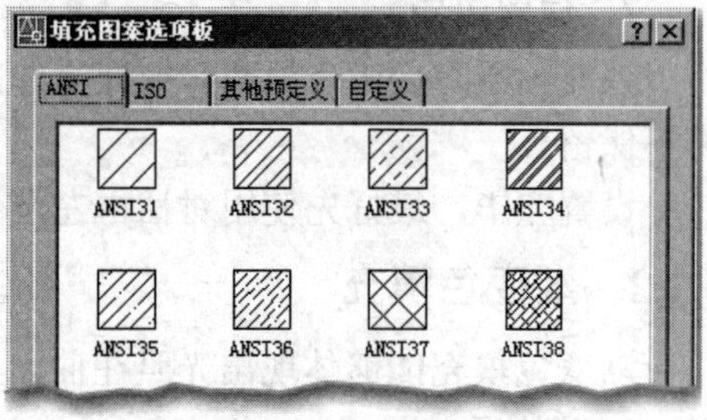

2．选择填充图案

一般使用预定义的图案。AutoCAD 提供了 60 多种符合 ANSI 和 ISO 标准的各行业使用的填充图案。在"图案"下拉列表中选一个图案名，或单击其右边的"…"按钮，从"填充图案选项板"中根据外观选择，如图 5-5 所示。

还可以进一步控制预定义图案的旋转角度和缩放比例。

其中名为"Solid"的预定义的图案是用当前层的颜色进行填充。

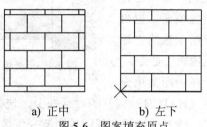

图 5-5　预定义填充图案

3．图案填充原点

控制图案生成的起始位置，如图 5-6 所示。默认情况下图案填充原点对应于当前坐标系（UCS）的原点。

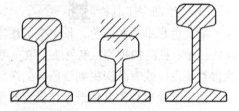

a) 正中　　　　b) 左下

图 5-6　图案填充原点

4．填充图案与其边界的关联性

• "关联"选框：填充图案与其边界如果是关联的，在边界发生变动时填充图案的区域自动随之更新。如图 5-7 所示表现了拉伸边界后，填充图案的关联性的影响。

• 创建独立的填充区域：指定了几个独立的闭合边界时，控制所创建填充图案是多个对象还是整体一个对象。

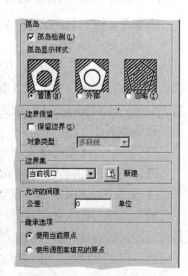

a) 原边界　　b) 不关联　　c) 关联

图 5-7　边界更新后填充图案关联性的影响

5．继承填充图案特性

单击"继承特性"按钮，命令行提示：选择图案填充对象。按提示操作后，将以选定的已有图案填充的特性（图案、角度、比例等）填充到指定的边界内。

单击对话框右下角的箭头按钮 ⊙，将显示更多的选项，如图 5-8 所示。

6．孤岛

填充区域内部的闭合边界称为"孤岛"。缺省为勾选"孤岛检测"。此时根据设置决定内部填充图案的方法，一般情况下最好使用"普通"样式。

在指定了填充区域或对象后，对话框"边界"区的"删除边界"按钮被激活，单击可以选择要删除的孤岛，填充时将忽略该孤岛。命令行中的"删除边界(B)"选项与该按钮同效。

图 5-8　对话框的更多选项

7. 保留边界

填充图案时会围绕填充区域建立一条临时闭合边界。控制是否将其保留在图形中。缺省为不保留。

设置完毕，最好先使用对话框左下角 预览 按钮，确认无误再单击 确定 。

5.1.2　渐变色填充

渐变色填充能够体现出光照在曲面上而产生的过渡颜色效果，如图5-9的示例。

可以使用"图案填充"命令进行渐变色填充，也可以使用单独的"渐变色填充"命令。

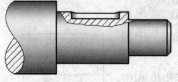

图5-9　渐变色填充效果

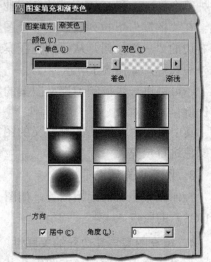

图5-10　渐变色选项卡（局部）

在用图案填充命令（HATCH）打开的对话框上，选择"渐变色"选项卡，该对话框的左部即成为渐变色填充的有关选项，如图5-10所示。GRADIENT是专门的渐变色填充命令。

命令输入：

❏ 菜单栏：【绘图➔渐变色】

❏ "绘图"工具栏：

渐变色有单色和双色。预定义的图案有线性扫掠、球状扫掠、径向扫掠等。单色渐变填充可以从浅色到深色再到浅色，或者从深色到浅色再到深色平滑过渡。可以为渐变方向指定角度。

使用渐变填充的其他选项和设置与图案填充相同。

5.2　面域和边界

5.2.1　面域（REGION 命令）

面域是二维的封闭区域，它与一般的封闭线框的不同，面域是一个平面，因此具有物理特性（例如形心或质心）。

面域后可以着色（参见 10.5 节），还可以通过 MASSPROP 命令获得面域对象的面积、周长、形心等信息（参见 12.5 节）。对面域可以用"并集"（UNION）、"差集"（SUBTRACT）和"交集"（INTERSECT）命令作布尔操作（参见 12.3.4 节）。

命令输入：

❏ 菜单栏：【绘图➔面域（N）】

❏ "绘图"工具栏： 按钮

❏ 命令行：REGION（或别名 REG）↵

输入命令后要求选择对象，这些对象必须是封闭的，例如圆、矩形、闭合多段线，或者是首尾连接的直线、圆弧围成的闭合环，但不能自交。

既可以用"面域"（REGION）命令，也可以用"边界"（BOUNDARY）命令创建面域。

5.2.2　边界(BOUNDARY 命令)

命令输入：

❏ 菜单栏：【绘图➜边界(B)】

❏ 命令行：BOUNDARY（或别名 BO）↵

输入命令后出现"边界创建"对话框如图 5-11 所示。AutoCAD 根据围绕指定点构成的封闭区域确定边界。可以控制生成边界对象的类型为多段线或者面域对象。如图 5-12 的示例，就是用 BOUNDARY 命令在图形内部指定一点后自动寻找边界创建的面域。

图 5-11 "边界创建"对话框

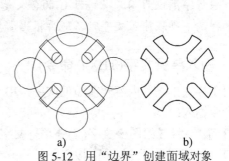

图 5-12 用"边界"创建面域对象

5.3 文字注释

在图形中，一般都需要添加文字注释，如工程图样的技术要求，标题栏中的文字内容。在输入文字时，AutoCAD 使用当前的文字样式。文字样式中设置了字体、斜体角度、文字的方向和其他特性。

AutoCAD 提供两个输入文字的命令：单行文字（TEXT 命令）和多行文字（MTEXT 命令）。所谓单行文字，是指输入的每一行文字都是独立对象。多行文字命令输入的文字则被作为一个对象来处理，该命令有较强的文字处理与编辑功能。

5.3.1 文字样式

命令输入：

❏ 菜单栏：【格式➜文字样式（S）】

❏ "文字"工具栏：按钮

❏ 命令行：STYLE（或别名 ST）↵

输入命令后显示"文字样式"对话框，如图 5-13 所示。缺省的文字样式名为"Standard"。该样式所用的字体文件为 txt.shx,，缺省的字高为 0，文字的宽度比例为 1，倾斜角度为 0。

为新建文字样式命名，否则将自动被命名为"样式 1"、"样式 2"、…等等。

在"字体"列表框中列出了系统已安装的"TrueType"字体(.ttf)，以及 AutoCAD 安装目录下"FONTS"文件

图 5-13 "文字样式"对话框

夹中的编译"Shape"字体(.shx)。如果要新建一个使用中文的文字样式，需要先勾选"使用大字体"复选框，然后在"大字体"下拉框中选择所需的 shx 字体文件。所谓"大字体"是为亚洲国家文字制作的 shx 字体。

在"效果"区域可以对文字的其他书写特性作一些设定。

> ➤ 建议在工程图上选择"gbcbig.shx"用于输入中文，同时选择"gbeitc.shx"（斜体）或"gbenor.shx"（正体）用于输入英文和数字。
> ➤ 一般将字高设为 0。字高为 0 的含义是待输入文字时再确定字高。若在此处设定非 0 的字高，则在输入文字时不能再根据需要来调整字高。

5.3.2 输入单行文字(TEXT 命令)

对于样式单一、内容较简短的文字，用"单行文字"输入比较合适。

命令输入：

❑ 菜单栏：【绘图➔文字(X)➔单行文字(S)】

❑ "文字"工具栏：**A**按钮

❑ 命令行：TEXT（或别名 DT）↵

输入命令后提示：

当前文字样式: standard　当前文字高度: 2.5　　提示当前的默认设置

指定文字的起点或 [对正(J)/样式(S)]:　必须指定文字插入点

指定高度 <2.5>:　输入文字的高度。也可用光标指定一点，它和插入点之间的距离即文字的高度。

指定文字的旋转角度 <0>:　须指定文字书写的方向角度

此时在绘图区的文字插入点出现闪烁的文本光标，输入一行文字后按[Enter]键即换行。空行按[Enter]键结束命令。

选项说明：

• 对正(J)：指定文字行的对正（定位）方式。选此项后有进一步提示：

[对齐(A)/调整(F)/中心(C)/中间(M)/右(R)/左上(TL)/中上(TC)/右上(TR)/左中(ML)/正中(MC)/右中(MR)/左下(BL)/中下(BC)/右下(BR)]:

• 对齐(A)：如图 5-14a) 的示例，要求指定文字基线端点 1 和 2，字高由字的宽度比例根据基线长度和字数自动确定。

• 调整(F)：如图 5-14b) 的示例，要求指定文字基线端点 1 和 2，然后要求输入字高，示例中通过指定点 3，它和点 1 之间的距离即文字的高度，文字的宽度比例将自动调整。

• 中心(C)：插入点为基线中点。

• 中间(M)：插入点为中间点。

• 右(R)：插入点为基线右端。

a) 对齐　　　　　　　b) 调整

图 5-14　文字对正（一）

• 左上(TL)/中上(TC)/右上(TR)：插入点为顶线左端/中点/右端。

• 左中(ML)/正中(MC)/右中(MR)：插入点为中线左端/中点/右端。

• 左下(BL)/中下(BC)/右下(BR)：插入点为基线左端/中点/右端。

文字插入点的各种定位方式如图 5-15 所示，默认为基线左端。

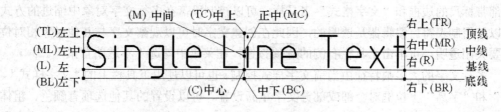

图 5-15 文字对正（二）

5.3.3 输入多行文字（MTEXT 命令）

"多行文字"更适用于篇幅较大或样式较复杂的文字输入。多行文字可由任意数目的文字行或段落组成，整篇多行文字是一个对象。多行文字有很多编辑选项，一篇多行文字内可以设置多种文字样式。

命令输入：

❑ 菜单栏：【绘图➜文字(X)➜多行文字(M)】

❑ "绘图"或"文字"工具栏： **A** 按钮

❑ 命令行：MTEXT（或别名 T）↵

输入命令后，命令行显示当前文字样式和字高的默认设置，并提示：

指定第一角点：

指定对角点或 [高度(H)/对正(J)/行距(L)/旋转(R)/样式(S)/宽度(W)]：

部分选项说明：

● 宽度(W)：指定多行文字的宽度。

● 行距(L)：指定多行文字对象的行距，选择此项会有进一步提示：

输入行距类型 [至少(A)/精确(E)] <至少(A)>：

● 至少(A)：根据最大的字符指定行距，进一步提示：

输入行距比例或行距 <1x>：

将行距设置为单倍行距的倍数，以数字后跟"x"的形式输入行距比例。或者指定长度数值设置行距。

● 精确(E)：强制多行文字对象中所有文字行之间的行距相等。

多行文字命令要求指定矩形文字边框的对角点，文字框的宽度即为输入的多行文字区的宽度范围，每行中的字（单词）可自动换行以适应文字边界的宽度。但文字的行数并不受该矩形高度的限制。

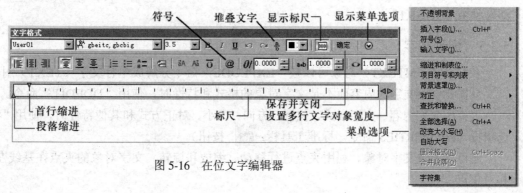

图 5-16 在位文字编辑器

指定文字边框的宽度后，在绘图区出现"在位文字编辑器"，如图 5-16 所示。它由一个顶部带标尺的边框和"文字格式"工具栏，可以控制段落在多行文字对象中缩进的方式，还可以使用制表符。编辑器是透明的，因此在创建文字时可以观察文字与其他对象相对位置。若要关闭透明，可单击工具栏右侧的 选项 按钮，在菜单中勾选"不透明背景"。

多行文字的大多数特征由当前文字样式控制。也可以使用工具栏上的"文字样式"、"字体"和"字高"下拉框对全部或部分文字重新设置。可以设置的其他选项有颜色、粗体、上划线、下划线、转换大小写、对齐方式、项目符号、段落编号等。可以将这些格式应用到单个字符来替代当前文字样式。在文字编辑器中可以插入特殊字符、符号。如果要修改一些字符的格式，必须先选择这些字符。

工具栏"堆叠" 按钮，用于书写分数、指数或公差类型的字符。要用斜杠（/）、磅符号（#）和插入符（＾）将选定的字符标记为堆叠形式。

【例 1】创建如图 5-17 所示堆叠文字。

(1) 文字编辑器中写入"1/3"，并选择，单击堆叠工具，显示为分数形式。

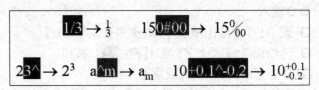

图 5-17　堆叠形式举例

(2) 2 的 3 次方，原写成"23＾"，选择 3＾，单击堆叠工具，于是显示为"2^3"。

(3) 下标形式，原输入"a^m"，选择^m，单击堆叠工具，就显示为"a_m"。

(4) 千分符号，原"150#00"，选择 0#00，单击堆叠工具，就显示为"15‰"。

(5) 原"10+0.1^-0.2"，选择其中的"+0.1^-0.2"，单击堆叠工具，就显示为上下偏差形式。

5.3.4　常用特殊符号

AutoCAD 提供了文字输入时由两个百分号（%）引导的控制代码来生成一些特殊符号的方法。也可以用 Unicode 字符串生成一些符号，如下表所示的常用符号：

控制代码	Unicode 字符串	结果
%%d	\U+00B0	度符号（°）
%%p	\U+00B1	公差符号（±）
%%c	\U+2205	直径符号（φ）

例如，在图形中输入"%%c 10%%p0.1"或者"\U+220510\U+00B10.1"，结束命令后立即转换为"φ10±0.1"。

5.3.5　修改文字

多行文字（MTEXT）对象可以被"EXPLODE"命令分解成单行文字（TEXT）对象。

只需要修改文字的内容而不是文字对象的格式和特性时，使用"DDEDIT"命令。

要修改文字内容、文字样式、位置、方向、大小、对正方式和其他特性时，使用"特性"选项板（PROPERTIES 命令，标准工具栏： 按钮）。

还可以选定文字对象，利用夹点进行移动、缩放和旋转。文字对象的夹点在基线左下角和对正点。

输入 DDEDIT 命令，修改文字内容：

❑ 菜单栏：【修改➡对象➡文字➡编辑(E)】

❑ "文字"工具栏： ![按钮图标] 按钮

❑ 命令行：DDEDIT（别名 ED）↵

输入 DDEDIT 后命令行提示：选择注释对象或 [放弃(U)]。该命令能够根据所选择对象是 TEXT 还是 MTEXT 文字，自动进入输入单行文字状态，或者打开"在位文字编辑器"。

> ➢ 调用 DDEDIT 命令修改文字内容的快捷方法是双击文字对象。

在菜单栏【修改➡对象➡文字】之下，除了有【编辑(E)】外，还有【比例(S)】和【对正(J)】专用于改变已有文字的大小和对正方式。

5.4 表格

"表格"命令可以在图样中插入表格对象，而不需要用单独的直线绘制框格。

表格对象的一些格式，如单元格的特性（文字样式、对齐方式等）、边框特性（线宽、颜色）、表格方向（上、下）、有否标题行或页眉行等等，由"表格样式"设定。用户可以通过菜单栏【格式➡表格样式(B)】，打开"表格样式"对话框，新建或修改现有表格样式来适合需要。

插入表格的命令输入：

❑ 菜单栏：【绘图➡表格】

❑ "绘图"工具栏： ![表格图标]

❑ 命令行：TABLE↵

输入命令后打开"插入表格"对话框，如图 5-18 所示。

如果在对话框中指定了行和列的大小，通过从插入点拖拽来决定行数和列数。如果在对话框中指定了行数和列数，则通过从插入点拖拽来决定行和列的大小。

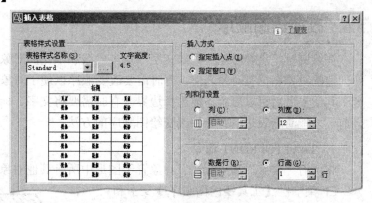

图 5-18　插入表格

表格各行、列的初始宽度和高度相同，通过夹点编辑方式可以改变行和列的大小。

如图 5-19 所示，在创建表格后显示"在位文字编辑器"，在表格单元中输入文字。可以用方向键在各单元格之间移动文字光标。

也可以先选中已有"表格"对象然后双击，再此打开"在位文字编辑器"进行文字编辑。

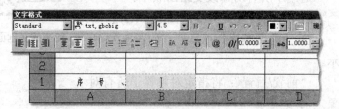

图 5-19　在表格中输入文字

5.5 修订云线（REVCLOUD 命令）

"修订云线"是由连续多段线圆弧组成的云线形对象。一般用于在检查阶段提醒用户注意图形的某个部分，如图 5-20 的云线示例。

命令输入：

❑ 菜单栏：【绘图➡修订云图(U)】

❑ "绘图"工具栏：![按钮图标] 按钮

❑ 命令行：REVCLOUS↵

命令行提示：

最小弧长:15　最大弧长:15　样式：普通

指定起点或 [弧长(A)/对象(O)/样式(S)] <对象>：

沿云线路径引导十字光标...

• 根据命令提示，指定新的最大和最小弧长，或者指定"修订云线"的起点，沿着云线路径移动十字光标，随时按[Enter]键停止绘制云线。如果返回到起点，则闭合云线。

• 也可以将已有的圆、椭圆、多段线或样条曲线对象转换为"修订云线"。方法是输入命令后按[Enter]键（默认的<对象>项），然后指定对象。

• 选择样式(S)项，可以指定用"普通"，还是"手绘"样式绘制云线。

停止绘制云线时有提示：反转方向[是(Y)/否(N)] <否>：。可以指定是否将翻转圆弧的方向。

可以用夹点编辑已有云线中单个弧长或弦长。

图 5-20　绘制"修订云线"

"普通"样式　　　"手绘"样式

5.6 改变绘图顺序

在绘图时，重叠对象（例如文字、宽多段线和填充的对象）都以它们的创建顺序显示，新创建的对象在已有对象之前。有时需要改变顺序以便于对象捕捉。如图 5-21，将图案填充置于其边界之后可以更容易地选择边界。有时需要将文字、标注等对象置于其他重叠的对象之前，才能清晰表达。有几种改变绘图顺序的方法：

1. TEXTTOFRONT 命令

将所有"文字"和"标注"对象置于图形中所有其他对象之前。

❑ 菜单栏:【工具➡绘图顺序➡文字和标注前置(T)】，如图 5-22 所示。

2. DRAWORDER 命令

适用于所有对象改变绘图顺序。

❑ 菜单栏：【工具➡绘图顺序(O)】

❑ "绘图顺序"工具栏，如图 5-22 所示。

"前置/后置"：将指定对象置于所有对象之前/之后。

"置于对象之上/置于对象之下"：将所选择的对象置于随后指定的"参照对象"之前/之后。

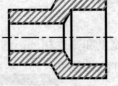
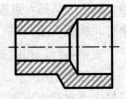

轮廓线在剖面线下面　　　将轮廓线移到上层

图 5-21　改变绘图顺序

也可以选择对象后右击鼠标，在快捷菜单单击绘图顺序。

3. "图案填充"对话框

参见图5-1 "图案填充"对话框，可以在创建图案填充之前为它指定绘图顺序。

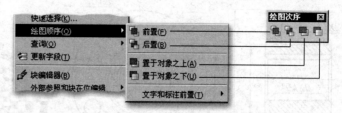

图 5-22   用菜单栏或工具栏改变绘图顺序

思 考 题

1. 定义图案填充的边界时，指定内部点和选择对象这两种方法有什么区别？

2. 什么是填充区域内部的"孤岛"？

3. 工程图上常用的表示金属材料的剖面线的填充图案名称叫什么？

4. 名称为"Solid"的，是什么样的填充图案？

5. 单行文字命令是否只能写入一行文字？

6. 使用单行文字命令，默认的定位点是什么？对正方式中的"对齐"和"调整"选项有什么不同？

7. 单行文字命令，可以用光标指定字高吗？

8. 与单行文字命令相比，多行文字命令有什么特点？哪些场合更适合使用多行文字？

9. 如何输入堆叠形式的分数文字？

10. "字体"和"文字样式"有什么区别？什么是"大字体"？

11. 如果输入的汉字变成了一连串的"？"，可能是什么原因造成的？

12. 如何输入直径符号"φ"、度符号"°"、公差符号"±"？

13. 如果输入的直径符号"φ"变成了问号"？"，分析其原因。

练 习 题

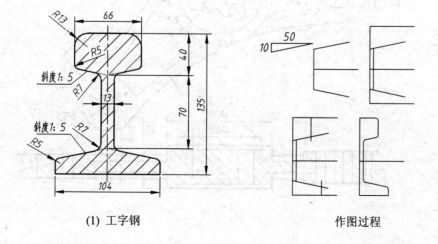

(1) 工字钢   作图过程

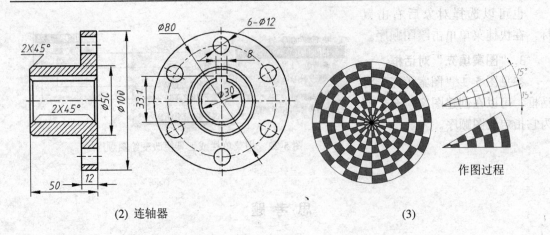

(2) 连轴器　　　　　　　　　　　　　　　　　　　　　(3)

作图过程

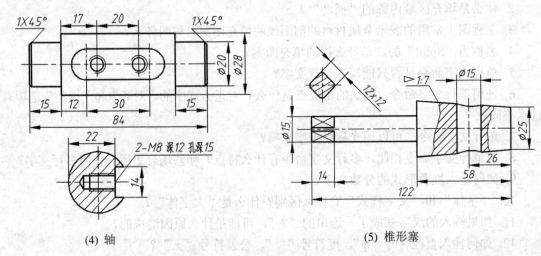

(4) 轴　　　　　　　　　　　　　　　　　　　　　(5) 椎形塞

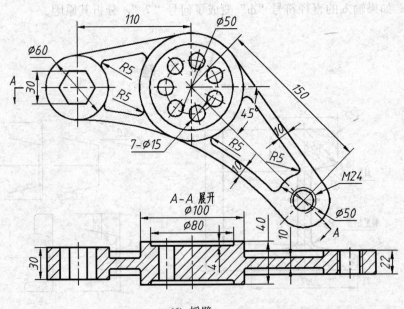

(6) 摇臂

(7) 创建名为 "User" 的文字样式，选择 "gbeitc.shx" 字体，同时选用大字体 "gbcbig.shx"，用该文字样式输入以下文字：

a) $\phi 100 \pm 0.05$ $1.5 \times 45°$ $(65 \pm 5) \times 10^4 Pa$

b) 技 术 要 求

1.保证$\phi 20^{H8}_{f7}$配合尺寸满足间隙要求。

2.试验时机油温度为$85° \pm 5℃$。

(8) 绘制简易标题栏，并用上题的 "User" 文字样式填写标题栏。小字字高为 5，大字字高为 7 或 10。

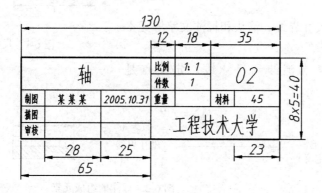

第 6 章   尺寸标注、查询与计算

6.1   尺寸标注概述

图样只有标注了尺寸和其他注释才能表达完整的设计信息。标注就是测量的过程，AutoCAD 根据自动计算出的测量值添加上尺寸数值，因此精确作图是能顺利地进行标注的前提。AutoCAD 提供了很强的尺寸标注功能，通过标注样式来控制标注的外观。用户可以设置符合国家标准或行业标准的标注样式。

用户可以为各种对象沿各个方向创建标注。包括线性（水平、垂直和对齐）、径向（半径和直径）、角度、坐标和弧长的标注。图 6-1 是包含了线形、径向和角度标注的示例。

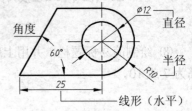

图 6-1   尺寸标注

标注由尺寸线、尺寸界线、箭头和标注文字等元素组成，如图 6-2a) 所示。

尺寸界线从定义点延伸到尺寸线。定义点是 AutoCAD 自动在用户指定的测量点处生成的点对象，位于自动生成的 Depoint 层。

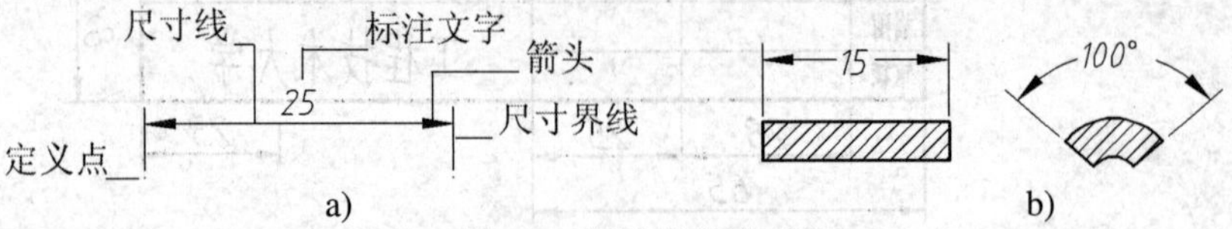

尺寸线垂直于尺寸界线。尺寸线指示了标注的方向和范围，尺寸线两端通常有箭头（终端符号）指出标注的起点和端点。

图 6-2   标注的组成元素

标注文字指示了测量值。如果标注文字放置在尺寸线的上方，尺寸线是一条线。如果标注文字置中，尺寸线则被分成两段。角度标注的尺寸线是圆弧，如图 6-2b) 所示。

默认情况，尺寸标注与所测量的对象具有关联性。所测量的对象被移动、旋转、缩放、拉伸时，标注会根据该对象的变化而自动调整。

默认情况，每个标注都是一个整体对象。用 EXPLODE 命令可以将标注元素分解成各个独立的对象。

6.2   设置标注样式

尺寸标注的格式和外观（如箭头的样式、文字的位置、尺寸公差等）都是由"标注样式"控制的。用户可以修改已有的标注样式或创建新的标注样式以符合国家标准、行业标准或项目要求。从公制模板开始的图形文件中，已包含默认的标注样式,其名称为"ISO-25"。虽然该样式适合于机械图样的绘制，与"机械制图"国家标准很接近，但还是会遇到需要对标注样式进行改动的情况。

6.2.1 用"标注样式管理器"创建新的标注样式

用户通过"标注样式管理器"修改已有标注样式或者创建新的标注样式。

命令输入:

❑ 菜单栏:【格式➔标注样式(D)】或者【标注➔标注样式(S)】

❑ "样式"工具栏或"标注"工具栏: <img_1> 按钮

❑ 命令行:DIMSTYLE(或别名 DST)↵

该命令打开"标注样式管理器",如图 6-3 所示。其左边"样式"列表框中列出当前图形文件所有的标注样式。可以通过选择一个标注样式,单击 置为当前(U) 按钮,将其设成当前样式。

在列表中右击一个样式,可以用快捷菜单对标注样式进行置为当前、重命名、删除等操作。当前样式和图形中使用的样式不能被删除。

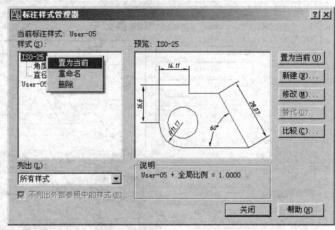

图 6-3 标注样式管理器

1. 新建标注样式的步骤

(1) 单击 新建(N) 按钮,打开"创建新标注样式"对话框,输入新标注样式名称,如图 6-4 所示。

(2) 在"基础样式"列表中选择已有标注样式,作为新样式的基础。

(3) 在"用于"列表中指定新建样式要用于什么标注类型。缺省为用于"所有标注",它是全局性的标注样式,将对所有类型的尺寸标注格式和外观起作用。若在下拉列表中指定其他特定的标注类型(如"角度标注"),新建样式名将作为一个子样式,按层次缩进排列在当前样式名下。对子样式的设置仅影响该标注类型。

(4) 通常的做法是指定一个基础样式创建新样式,先指定用于"所有标注"类型,对全局也就是对所有标注类型的格式和外观进行设置,然后再在此样式下创建子样式,对特定的标注类型进行设置。

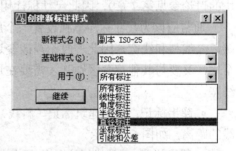

图 6-4 创建新标注样式

(5) 单击 继续 按钮,打开由多页选项卡组成的"新建标注样式"对话框,如图 6-5 所示。标注样式的设置过程比较复杂,有关内容将在 6.2.2~6.2.7 节讨论。

(7) 标注样式设置完成后,单击 确定 ,返回"标注样式管理器"。如需建子样式,再单击 新建(N) 按钮,然后重复步骤以上的过程。单击 关闭 按钮,完成新建样式的创建。

2. 修改已有标注样式

要对已有标注样式的设置进行改动,先在"标注样式管理器"的"样式"列表框中选择要修改的样式名，然后单击 修改(M) 按钮，打开"修改标注样式"对话框。该对话框与"新建标注样式"对话框内容完全相同。

6.2.2　尺寸线、尺寸界线、箭头和符号

1．控制尺寸线和尺寸界线的外观

"新建标注样式"对话框中的"直线"选项卡如图 6-5 所示。

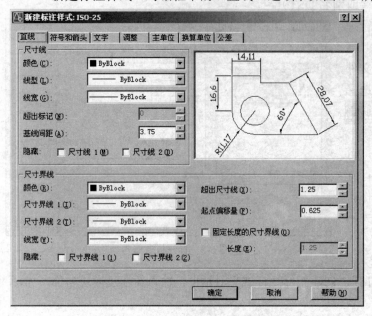

图 6-5　设置尺寸线和尺寸界线

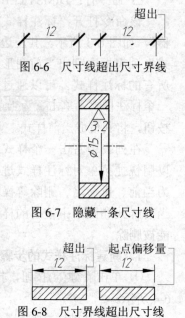

图 6-6　尺寸线超出尺寸界线

图 6-7　隐藏一条尺寸线

图 6-8　尺寸界线超出尺寸线
以及起点偏移量

● **颜色/线型/线宽**：尺寸线和尺寸界线的这些设置默认都是"随块"（ByBlock，有关块的讨论参见第 7 章），因此尺寸标注用的是当前层的特性。

通常应该为尺寸标注单独设置一个层，在该层进行标注，于是所有标注统一为该层的颜色、线型和线宽。因此一般无需改变这些默认设置。只有在尺寸标注与其他对象共用一个层，又要与其他部分区别开才需要在这里为尺寸线、尺寸界线设置特定的颜色、线型或线宽。

● **超出标记**：使用建筑标记（斜线）、小圆点等式样的箭头时，控制尺寸线超出尺寸界线的距离，如图 6-6 所示。

● **基线间距**：　基线标注时各尺寸线之间的间距（有关基线标注的讨论参见 6.3.2）。

● **隐藏尺寸线/尺寸界线**：　需要时可以隐藏一条或两条尺寸线（或尺寸界线），如图 6-7 示例中，粗糙度符号和文字叠合了尺寸线，于是隐藏掉尺寸线的一半。AutoCAD 根据标注时定义点的次序判断 1 和 2。对于角度标注，按照逆时针方向判断 1 和 2。

● **超出尺寸线**：　尺寸界线超出尺寸线的距离，如图 6-8 所示。

● **起点偏移量**：　尺寸界线的起点离开标注定义点的偏移量，如图 6-9 所示。

2．控制箭头、圆心等符号的外观

"符号和箭头"选项卡如图 6-9 所示。

• **箭头**：在列表框选择箭头类型，预置的箭头类型有二十余种。选择"第一个"箭头后，"第二个"会自动随之改变，如果要求尺寸线两端的箭头不一样，则在"第二个"列表框中另选。也可以选择无箭头。

在"引线"列表框设置引线标注的箭头类型。

"箭头大小"是指各类箭头的长度。

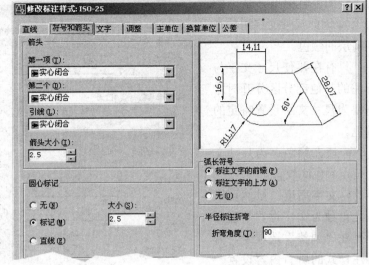

图 6-9　设置箭头和符号的外观

• **圆心标记**：尺寸标注还能为圆和圆弧添加圆心标记。在这里设置圆心标记的可见性，显示为十字标记或者显示为中心线，如图 6-10 所示。可以设置圆它们的默认大小。圆心标记的尺寸是指从圆或圆弧中心到十字线端点的距离。中心线的尺寸是指十字线端点到直线段的间距以及直线段超出圆或圆弧的距离。

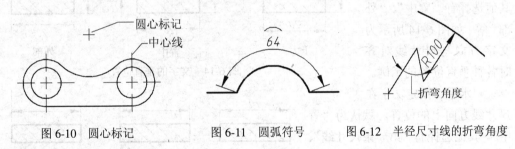

图 6-10　圆心标记　　　图 6-11　圆弧符号　　　图 6-12　半径尺寸线的折弯角度

• **弧长符号**：为标注弧长设置是否显示圆弧符号"⌒"以及放置的位置。图 6-11 的示例中，圆弧符号放置在文字的上方。

• **半径标注折弯**：必要时可以用折弯的尺寸线标注半径，在这里设置折弯的默认角度，如图 6-12 所示。

6.2.3　尺寸文字

1．尺寸文字的样式、放置位置和文字方向

"文字"选项卡如图 6-13 所示。

■ **文字外观**

• **文字样式**：为标注指定一个已有文字样式。可以为尺寸标注中的文字专门创建一个文字样式。如果尚未创建合适的文字样式，可以单击"文字样式"列表旁的 ... 按钮，不中止当前设置工作就打开"文字样式"对话框（关于文字样式的讨论参见第 5 章）。完成新的文字样式的设置后，返回"文字"选项卡，再选择该文字样式用作尺寸文字。

• **文字颜色**：与尺寸线、尺寸界线一样，默认的尺寸文字颜色是"随块"（ByBlock，

有关块的内容参见第 7 章的
讨论），因此尺寸文字用的是
当前层的颜色。

只有在要使尺寸文字与
标注的其他部分区分开时才
需要为尺寸文字设置特定的
颜色。

● **填充颜色**：为尺寸文
字指定颜色底纹。

● **文字高度**：虽然可以
在此单独为文字设置高度，
但是在"调整"选项卡，为
标注样式的所有内容设置一
个比例更简单。

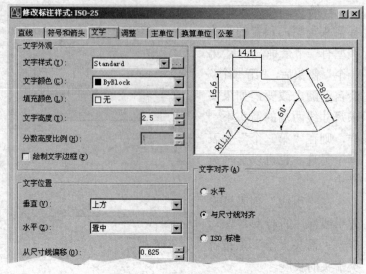

图 6-13 设置尺寸文字的外观

■ **文字位置**

● **垂直**：指定文字在
垂直于尺寸线方向上的
位置。默认为"上方"。
其他选择有"置中"、"外
部"等。如图 6-14 所示为
文字方向与尺寸线对齐
时各种垂直位置的示例。

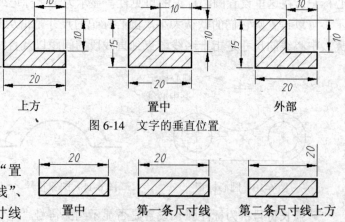

图 6-14 文字的垂直位置

● **水平**：指定文字在
尺寸线方向上的位置。默认为"置
中"。其他选择有"第一条尺寸线"、
"第二条尺寸线"、"第一条尺寸线
上方"和"第二条尺寸线上方"，如
图 6-15 所示。

图 6-15 文字的水平位置

● **从尺寸线偏移**：设置文字底部与尺寸线的间距。如果尺寸线是断开的，设置的则是
尺寸线断开处与文字的间距。

■ **文字对齐**

● **水平**：无论尺寸
线的方向如何，尺寸文
字方向始终水平，如图
6-16 所示。

● **与尺寸线对齐**：
尺寸文字方向与尺寸线
对齐。

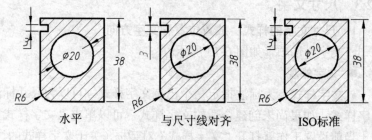

图 6-16 尺寸文字的方向

● **ISO 标准**：如果标注文字在尺寸界线内，文字与尺寸线对齐。当标注文字在尺寸界

线之外时文字水平放置。

2. 在狭窄部位标注时调整文字、箭头的放置位置，设置标注比例

"调整"选项卡如图 6-17 所示。

■ **调整选项**

具有足够空间时，尺寸文字和箭头默认放置在尺寸界线之间。当标注的部位狭窄时，可以指定标注元素的放置方式，指定哪个元素移到尺寸界线的外面，如图 6-18 所示。

• **文字或箭头（最佳效果）**：由最佳效果决定文字或箭头移出。这是默认的选项。

• **箭头**：箭头首先移到尺寸界线之外。

• **文字**：文字首先移到尺寸界线之外。

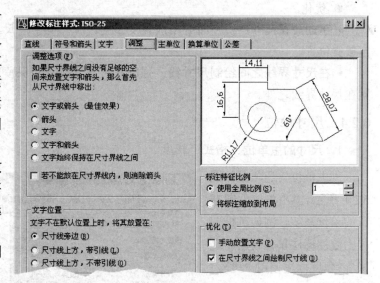

图 6-17 "调整"选项卡

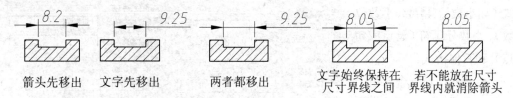

图 6-18 空间不足时指定文字和箭头的放置方式

• **文字和箭头**：如果两者不能同时容纳在尺寸界线内，就全部移出。

• **文字始终在尺寸界线之间**

• **若不能放在尺寸界线内，则消除箭头**：如果箭头不能放在尺寸界线内就不显示箭头。

■ **文字位置**

当文字不能放在尺寸界线之间时，文字可以放在尺寸线旁边（默认设置）、放在尺寸线上方带引线或者不带引线，如图 6-19 所示。

■ **标注特征比例**

• **使用全局比例**："标注特征"指的是标注元素的外观，"全局比例因子"用于调整所有元素，包括箭头、文字以及各处间距的尺寸。

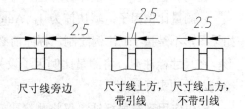

图 6-19 文字不能放在默认
位置时的设置

在模型空间标注并在模型空间打印时，应该按照打印比例的反比设置全局比例。例如尺寸文字的高度是 2.5，打印比例为 1:10，则设置全局比例为 10。这样打印出的图纸上的尺寸文字高度仍是 2.5。

● **将标注缩放到布局**：在布局的模型空间视口作尺寸标注时，根据当前模型空间视口和图纸空间的比例确定比例因子。

有关模型空间、图纸空间、布局、视口的内容参见第 9 章的讨论。

■ **优化**

● **手动放置尺寸**：标注时忽略放置文字的设置，文字沿尺寸线随光标而移动，手动指定放置位置。

● **在尺寸界线之间绘制尺寸线**：强制在尺寸界线之间保留尺寸线，即使箭头和文字放置在尺寸界线之外。

6.2.4 尺寸单位

1. 尺寸的主单位、格式、精度

"主单位"选项卡如图 6-20 所示。"主单位"即默认的单位系统，例如机械图样上线性标注单位使用"毫米"，角度标注使用"度"。

■ **线性标注**

指定线性尺寸的单位格式（如小数）、精度（小数位数）、小数分隔符（逗点或句点）和其他格式。

● **舍入**：设置舍入值。例如，精度为 0.01 时指定 0.25 作为舍入值，尺寸 10.22 将显示为 10.25，尺寸 10.85 将显示为 10.75。

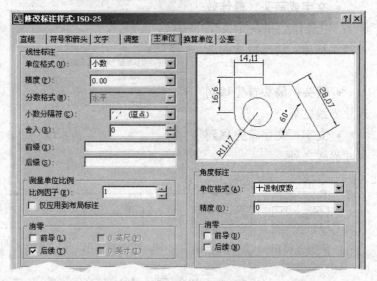

图 6-20 "主单位"选项卡

● **前缀/后缀**：在每个标注前或后添加前缀或者后缀。例如工程上一般用毫米为尺寸单位，在用其他单位（如厘米）标注尺寸时，需要在尺寸数字后面加上单位（如"cm"）。

● **测量比例因子**：默认值为 1。AutoCAD 将线性测量值乘以该比例因子后进行标注。如果图形不是按 1:1 比例绘制，标注前必须对比例因子进行设置。例如按 1:10 比例绘制图形，在尺寸标注前，将测量比例因子设为 10（绘图比例的倒数）。这样标注上的数字就是绘制对象的实际长度。

● **仅应用到布局标注**：仅将测量比例因子用于在布局图纸空间的尺寸标注。

● **消零**：尺寸数字的前导零和后续零是否显示。例如，在小数精度设置为"0.000"时，只勾选消除后续零，尺寸数字 0.500 将写为"0.5"；只勾选消除前导零，将写为".500"；两项都勾选，将写为".5"；两相项都不消零，将写成"0.500"。

■ 角度标注

设置角度单位格式、精度、消零等。

2．换算单位

"换算单位"是指在图形上除了用主单位标注外，还需要同时标注的另一个单位系统，仅应用于线性尺寸。在"换算单位"选项卡，进行有关格式、精度、换算比例的设置。

只有勾选了"显示换算单位"选项，才能进行换算单位的设置和应用。使用换算单位后，主单位数值后的方括号内显示换算单位的尺寸数值，如图 6-21 所示。也可设置将换算单位数放在主数值的下方。

公制的图形以"毫米"为线性尺寸的主单位，最可能用到的换算单位是"英寸"，所以默认的"换算单位乘数"是 0.03937007874016。

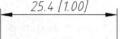

图 6-21　带有换算单位的标注

6.2.5　尺寸公差

公差是允许尺寸变化的范围。如图 6-22 所示的"公差"选项卡设置尺寸公差的格式。

■ **公差格式**

● **方式**：尺寸公差标注的方式有"无"公差、"对称偏差"、"上下偏差"、"极限尺寸"和"基准尺寸"五种，如图 6-23 所示。

● **精度**：公差值的精度。

● **上偏差**：输入公差的上偏差值，AutoCAD 会自动在公差数值前显示"+"。如果上偏差是负值，应在数值前输入"–"。如果是对称偏差，只需输入上偏差值。

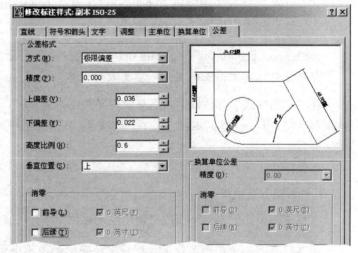

图 6-22　设置尺寸公差的格式

● **下偏差**：输入公差的下偏差值，AutoCAD 会自动在公差数值前显示"–"。如果下偏差是正值，应在数值前再输入一个"–"，这样才会在公差数值前显示"+"。

如果上或下偏差值为零，在零前再输入一个"–"，就只显示"0"。

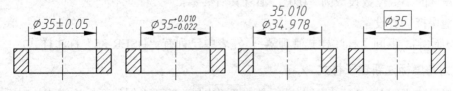

图 6-23　尺寸公差的标注方式

● **高度比例**：偏差数字与主尺寸数字的高度比例。

● **垂直位置**：偏差数字相对主尺寸数字位置的对齐方式，有上、中、下三种。

● **消零**：偏差数字的消零方式，设置方法同前述。

6.2.6 示例：创建一个符合标准的标注样式

创建一个名为"USER-35"的标注样式，要求如下：

- 选用合适的字体，文字高度 3.5，其他元素的大小与之相适应。
- 线性尺寸数值精度取 2 位小数，角度标注数值精度取 1 位小数。
- 各种标注类型要符合国家标准《机械制图》的规定。

1．创建新标注样式

打开"标注样式管理器"。单击 新建(N)，在"创建新标注样式"对话框中输入新的标注样式名"USER-35"。在"基于"框中指定已有标注样式"ISO-25"作为新样式的基础样式。在"用于"框中指定"所有标注"。单击 继续，打开"新建标注样式"对话框。

2．"文字"选项卡

- 设置文字样式：单击 … 按钮，在"文字样式"对话框新建一个名为"Dim"的文字样式。SHX 字体列表中指定"gbeitc.shx"（或"gbenor.shx"），勾选"使用大字体"选项，在"大字体"列表中指定"gbcbig.shx"。

➢ gbeitc.shx、gbenor.shx 和 gbcbig.shx 字体文件专用于简体中文工程图的标注和注释，分别是斜体英文、正体英文和中文长仿宋体。

在"文字样式"对话框中，字高设置必须保持为"0"，否则标注样式中的"文字高度"就不起作用。单击 关闭，返回"文字"选项卡，在"文字样式"下拉列表中选新建的"Dim"文字样式。

- 保持默认的"文字高度"2.5。

3．"调整"选项卡

"标注特征比例"区域，指定"使用全局比例"为 1.4（文字的实际高度为 2.5×1.4=3.5）。

➢ 国家标准《机械制图》规定，图样中汉字的高度不小于 3.5 毫米。
➢ 用"标注特征比例"的"使用全局比例"可以方便地使各标注元素的外观都改变大小，而不需要——地改变文字、箭头、间距等的尺寸

4．"主单位"选项卡

- 在"线性标注"区，"精度"指定为"0.00"。
- 小数分隔符用"句点"。
- 角度的小数位数设改为"0.0"，消除其后续零。

其他保持缺省设置。

单击 确定，返回"标注样式管理器"，左表中已列有"USER-35"标注样式。

5．为角度标注新建子样式

选择已建"USER-35"标注样式，单击 新建(N)，打开"创建新标注样式"对话框，指定"USER-35"味基础样式，在"用于"下拉框中指定"角度标注"。单击 继续，再次打开"新建标注样式"对话框，只对角度标注样式进行设置。

"文字"选项卡：将"文字对齐"设置为"水平"。

"调整"选项卡："调整选项"区域，选择"箭头"（尺寸界线之间空间不够时，箭头先放到外）。取消对"在尺寸界线之间绘制尺寸线"的勾选。

单击 确定 ，返回"标注样式管理器"，在"USER-35"下已显示缩进排列的"角度"子样式。

> 国家标准《机械制图》规定，角度标注的数字一律写成水平方向。
> 标注角度的部位较小时，箭头移到尺寸界线外，数字放在内，不显示尺寸线，这样比较清晰（参见图6-25）。

6. 为直径标注创建子样式

选择已建"USER-35"标注样式（注意要选主样式），再创建用于为"直径标注"的子样式，过程同5。

"文字"选项卡：将"文字对齐"指定为"ISO标准"。

"调整"选项卡："调整选项"区域，选择"箭头"（尺寸界线之间空间不够时，箭头先放到外）。勾选"手动放置文字"，其他设置不变。

> 在"调整选项"中不选"文字或箭头"而指定其他选项，这样设置下，进行直径标注并且尺寸文字放在被测量的圆内时，将显示完整尺寸线（参见图6-25）。
> 标注直径和半径尺寸时，由于空间受到限制，或者基于标注清晰的考虑，用手动方式指定尺寸文字的放置位置较为灵活。

7. 为半径标注创建子样式

设置内容与"直径"子样式完全相同，过程略。

"标注样式管理器"中，在"USER-35"样式下已有三个子样式"半径"、"角度"和"直径"，如图6-24所示。把主样式置为当前。

图6-25是用该样式标注的图样。

将该样式保存在图形样板中，以便以后调用。把图形文件存为样板的方法是选择以".dwt"文件格式保存。

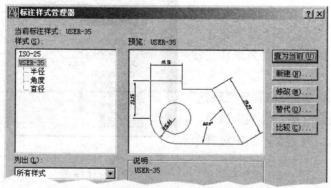

图6-24 创建带有多个子样式的标注样式

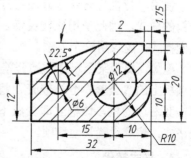

图6-25 新建样式标注的外观

6.2.7 在一幅图形中使用不同的标注样式

在同一幅图形上，同一种标注类型的尺寸可能需要不同的格式和外观。例如，零件图上有些重要的径向或线性尺寸需要标注公差，但大多数尺寸并不带公差，它们的标注样式显然不同。不能用修改当前标注样式的方法来改变个别标注的外观。因为对当前样式的改动会影响使用该样式的所有尺寸，包括已有的标注和以后的标注。可以用下列方法解决：

1．指定另一个标注样式为当前样式

可以从"标注"工具栏，或"样式"工具栏的"标注样式控制"下拉列表中选择另一个样式（参见图1-1、图6-30），这个样式就被置为当前样式。已有的尺寸标注保持不变，以后再标注的尺寸使用新的当前样式。

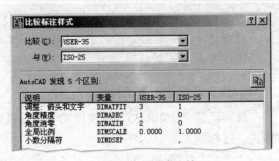

若要将两种样式的设置作比较，可单击"标注样式管理器"的 比较(C) ，打开"比较标注样式"对话框，指定要比较的样式，如图6-26所示。

图6-26　样式比较

2．将一个已有标注改变到另一个已有样式

先选择一个标注，然后在"标注样式控制"下拉列表中指定一个样式，再按[Esc]键取消选择，于是这个标注的样式就改变为指定的样式。这么操作不改换当前样式。

3．使用"特性"选项板修改一个标注

在3.2.2节，已对"特性"选项板作过讨论。通过"特性"选项板可以对选定对象的所有特性进行修改。如果所选对象是尺寸标注，选项板上除了列出标注对象的基本特性外，还分类列出标注特性的各个设置选项，其内容与前面讨论的多选项卡组成的"新建/修改标注样式"对话框基本相同。如图6-27所示，"特性"选项板内容很多，可以通过各分栏上的箭头展开或卷起。

打开"特性"选项板的方法是单击标准工具栏上的"对象特性"按钮 。快捷方法是双击一个对象（这里是双击一个要修改的标注）。

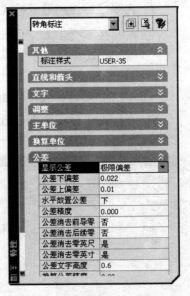

使用"特性"选项板修改标注样式，就不必再创建一个新的样式，因此使用比较灵活。如果只需要为个别尺寸改变样式，建议用这个方法。

例如，要为某个尺寸添加公差，可以将该尺寸"特性"选项板上的"公差"分栏展开，找到"显示公差"项目，单击其右边的框，该框立即变成下拉式列表，从中选择公差格式，然后设置其他选项。

图6-27　用"特性"选项板
修改标注样式

4．样式替代

也可以用"标注样式管理器"定义临时的样式来替代当前样式，为一些尺寸进行不同样式的标注，而不创建新样式。临时的样式称为"样式替代"，作为子样式隶属于原来的主样式。

【例1】　对如图6-28所示图形沿长度作连续尺寸标注，要求避免相邻尺寸箭头重叠。

可以在小尺寸处用小圆点代替箭头。

(1) 当前样式默认使用填充箭头。先标注左边两个尺寸"10、10"。

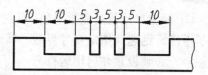

图 6-28　标注小尺寸

(2) 定义和使用"样式替代"。在"标注样式管理器"中单击 替代(O)，随之出现与"新建/修改标注样式"内容相同的"替代当前样式"对话框。

在"符号和箭头"选项卡，将第一个箭头类型指定为"无"，第二个指定为"小点"，其他不改。

返回"标注样式管理器"。当前样式下多了一个"〈样式替代〉"子样式，并自动置为当前样式，如图 6-29 所示。用它对 4 个小尺寸"5、3、5、3"进行标注。

再次打开"标注样式管理器"，对〈样式替代〉进行修改。将箭头"无"和"小点"的次序颠倒过来。以此样式标注右边的尺寸"5"。

图 6-29　〈样式替代〉子样式

(3) 再次打开"标注样式管理器"，选择主样式并将它置为当前样式，〈样式替代〉被自动删除。用主样式标注右边的尺寸"10"，完成标注。

〈样式替代〉是临时的样式，当指定其他样式为当前样式时，AutoCAD 会弹出一个"警告"框，提示〈样式替代〉将被放弃。

也可以通过右击〈样式替代〉，从快捷菜单中选择"重命名"，将其设置成一个新的标注样式，便于以后再调用。

> ➢ 为某些有不同样式要求的尺寸标注时，可以使用"样式替代"直接作标注，也可以使用"特性"选项板修改不符合要求的标注。修改标注是逐个进行的，较适合个别尺寸。"样式替代"可以对一批尺寸进行标注，还能重命名保存，因此效率更高。

6.2.8　更新标注样式

"标注"工具栏的 ⊟ "更新标注"按钮，用于将所选尺寸的样式更新为当前标注样式。单击该按钮，命令行提示：

-dimstyle

当前标注样式:<当前>

输入标注样式选项

[保存(S)/恢复(R)/状态(ST)/变量(V)/应用(A)/?] <恢复>: _apply

选择对象:

这个操作实际是命令行命令"-DIMSTYLE"的"应用(A)"选项。

6.3　使用尺寸标注

6.3.1　标注前的准备工作

(1) 创建一个层专用于标注尺寸，并设置层的颜色与图形的其它部分区别开，便于管理和编辑。

（2）标注尺寸就是测量对象，标注过程会频繁地指定对象的端点、圆心、交点等特殊点。为了准确、迅速地指定尺寸界线的原点，必须设置并启用运行方式的对象捕捉。

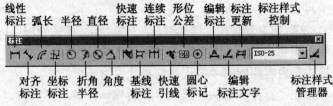

图 6-30　"标注"工具栏

（3）设置或指定合适的标注样式为当前标注样式。

（4）使用"标注"工具栏（图 6-30）输入标注命令较为方便。

如果将"标注"工具栏竖立放置，其中的"标注样式控制"下拉框将不显示，但是在顶部的"样式"工具栏上总是可以找到相同的"标注样式控制"框。

6.3.2　标注线性尺寸

1．水平、垂直或指定方向上的标注（DIMLINEAR 命令）

"线性"标注命令用来测量两个点之间的水平距离、垂直距离或指定方向上的距离。

命令输入：

☐ 菜单栏：【标注➜线性(L)】

☐ "标注"工具栏："线性" ⊢⊣ 按钮

☐ 命令行：DIMLINEAR（或别名 DLI）↵

输入命令后命令行提示：指定第一条尺寸界线原点或 <选择对象>：

指定测量的起点后提示：指定第二条尺寸界线原点：

指定测量的终点后进一步提示：指定尺寸线位置或[多行文字(M)/文字(T)/角度(A)/水平(H)/垂直(V)/旋转(R)]：。移动光标，手动指定放置尺寸线的位置。

命令行选项说明：

● <选择对象>：可以用指定一个对象的方法进行"线性"标注（无需指定测量点）。这是默认选项，按[Enter]键后提示选择要标注的对象。

● 多行文字(M)/文字(T)：用"多行文字编辑器"或单行文字方式改动尺寸文字，选择此项后，指示输入文字。在标注中将显示编辑过的尺寸文字。

● 角度(A)：旋转一个角度改变文字的方向（不旋转测量方向）。

● 水平(H)/垂直(V)：线性标注命令自动判断作水平还是垂直标注。选择此项，强制作水平/垂直标注。

● 旋转(R)：测量的方向旋转一个角度。

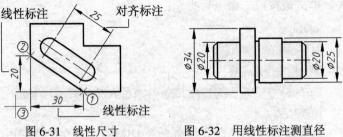

图 6-31　线性尺寸　　　图 6-32　用线性标注测直径

AutoCAD 根据指定的尺寸界线原点自动应用水平或垂直标注。图 6-31 中，要标注左下方倒角的水平与垂直尺寸，两个测量点不处于同一水平或垂直位置上。指定 1、2 测量点后，先将光标移到测量点的外侧，当光标在测量点的上、下（如在点3附近）时显示水平尺寸，当光标在测量点的左、右就显示为垂直尺寸。

在图6-32的图形上，要标注轴的直径。由于轴的投影轮廓线不是圆，所以要用"线性"标注命令。还必须在尺寸数字前添加直径符号"φ"。在提示下选择"文字"选项，在命令行输入"%%c<>"（输入常用特殊符号，参见第5章）。

➢ 符号代码后的一对尖括号"<>"代表测量值。如果不是特殊要求，不要用输入一个数字的方法来替换测量值，即使输入的数字与测量值相同。这样操作会使该标注失去关联性，也不能用"特性"选项板为该尺寸修改公差格式。

如图6-33所示，测量中间一段异径连接的管道的长度，其轴线处于倾斜方向。标注时在提示下，选择"旋转（R）"选项，输入角度，使测量的方向旋转30°。

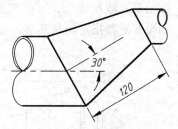

图6-33 使用"旋转"选项

2. 对齐标注（DIMALIGNED 命令）

命令输入：

❏ 菜单栏：【标注➡对齐(A)】

❏ "标注"工具栏："对齐" ✎ 按钮

❏ 命令行：DIMALIGNED（或别名 DAL）↵

"对齐"标注命令的提示、选项与"线性"标注命令的相似，只是少了几个设置测量方向的选项。"对齐"标注命令用来测量两点之间的直线距离，例如标注图6-31中长圆孔的长度。

用"对齐"标注可以测量一点到一条直线的距离。如图6-34所示，标注圆心与直线边的距离。圆心为第一测量点，再用捕捉垂足，指定第二点。本例也可以用捕捉中点。

还可用"对齐"标注测量圆的直径，如图6-35 a)和b) 所示例子。在"指定第一条尺寸界线原点或 <选择对象>："提示下，按[Enter]键，然后在"选择标注对象"提示下，在圆上拾取一点。如图6-35a) 所示拾取圆上一般点，如图6-35b) 所示捕捉

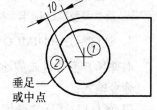

垂足
或中点

图6-34 圆心到直线的距离

象限点。拾取点的位置即定义的测量点。然后选择"文字(T)"选项，添加直径符号。如图6-35c)所示，使用"对齐"标注测量椭圆直径。用捕捉象限点的方法指定第一和第二测量点。

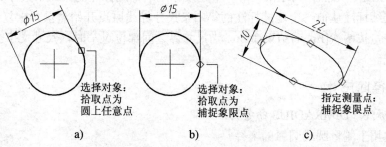

| a) | b) | c) |

图 6-35 用"对齐"标注直径

3. 基线标注（DIMBASELINE 命令）

有时需要将多个标注都从同一基准面或基准点引出。这种场合可以用"基线"标注。

命令输入：

❑ 菜单栏：【标注➜基线(L)】

❑ "标注"工具栏："基线" ⊞ 按钮

❑ 命令行：DIMBASELINE（或别名 DIMBASE）↵

"基线"标注是从上一个尺寸的第一个尺寸界线原点测量的，所以必须先创建一个"线性"（或角度）标注，或另外指定一点作为原点。

例如图 6-36 所示，首先用"线性"标注从左往右测量得到第一段尺寸"15"，然后输入"基线"标注命令。

命令行提示：指定第二条尺寸界线原点或 [放弃(U)/选择(S)] <选择>:。

标出第二段尺寸"25"。在重复提示下指定其余测量点位置，直至两次按[Enter]键结束。

如果要重新指定测量基准，按[Enter]（<选择>项），进一步提示：选择基准标注:。

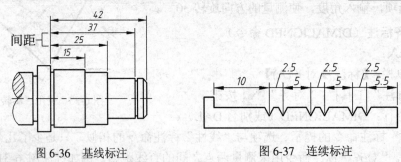

图 6-36　基线标注　　　　　　　　　　　　　　图 6-37　连续标注

两个相邻尺寸线的间距，由"新建/修改标注样式"对话框的"直线"选项卡"基线间距"，以及"调整"选项卡"标注特征比例"的全局比例因子的设置决定（参见图 6-8、6-17）。

4．连续标注（DIMCONTINUE 命令）

有些场合需要链式的连续标注，如图 6-37 的示例。

命令输入：

❑ 菜单栏：【标注➜连续(C)】

❑ "标注"工具栏：⊞ 按钮

❑ 命令行：DIMCONTINUE（或别名 DCO）↵

创建"连续"标注的方法与上述基线标注相同。必须先创建一个"线性"（或"角度"）标注，或另外指定一原点作为基准。第一个连续标注从基准标注的第二条尺寸界线处引出，然后下一个连续标注从前一个连续标注的第二条尺寸界线原点开始测量。重复操作，直至完成连续标注，按两次[Enter]结束命令。当尺寸界之间部位过窄时，尺寸文字会自动放在上方并带引线。

6.3.3　标注径向尺寸

1．半径标注（DIMRADIUS 命令）

半径标注用于测量圆或圆弧的半径。

命令输入：

❑ 菜单栏：【标注➜半径(R)】

❑ "标注"工具栏："半径" 🔘 按钮

❏ 命令行：DIMRADIUS（或别名 DRA）↵

尺寸文字放置在圆弧内或圆弧外，
是由手动控制的。半径标注自动在文字
前显示半径符号"R"，如图 6-38 所示。

如果把文字放置在圆或圆弧外部，
并且对标注样式作如下设置，就会在标
注半径时显示圆心标记："新建/修改尺
寸标注样式"对话框的"调整"选项卡

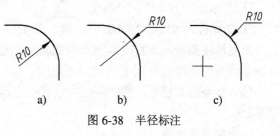

图 6-38　半径标注

（参见图 6-17），在"调整选项"区域指定"文字或箭头"（默认选项），在"优化"区
域取消对"在尺寸界线之间绘制尺寸线"的勾选，如图 6-38 c)所示。

2．折弯半径标注（DIMDJOGGED 命令）

当圆弧或园的中心位于图形范围以外，无法在其实际位置显示时可以作"折弯"标注，
如图 6-39 所示。在"新建/修改尺寸标注样式"对话框的"符号和箭头"选项卡中指定尺寸
线的折弯角度，参见图 6-9。

命令输入：

❏ 菜单栏：【标注➜折弯(J)】

❏ "标注"工具栏："折弯" 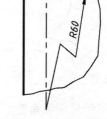 按钮

❏ 命令行：DIMDJOGGED↵

选择圆弧或圆后，提示要求指定一点以替代圆心，在指定了尺
寸线位置后，进一步提示要求指定折弯位置。

图 6-39　折弯半径标注

3．直径标注（DIMDIAMETER 命令）

直径标注用于测量圆或圆弧的直径。

命令输入：

❏ 菜单栏：【标注➜直径(D)】

❏ "标注"工具栏："直径" 按钮

❏ 命令行：DIMDIAMETER（或别名 DDI）↵

直径标注自动在文字前显示直径符号"Φ"，文字放置在圆（圆弧）的内部或外面由
手动控制。

当文字放置在园（圆弧）内，并且"新建/修改尺寸标注样式"对话框的"调整"选项
卡中，在"调整选项"区域指定"文字或箭头"（缺省选项），直径标注的外观就如图 6-40a)
所示。如果指定了其他选项，则如图 b)
所示。

文字放置在园（圆弧）外，圆心处
是否画出圆心标记也与半径标注的情况
相同，即由是否勾选"在尺寸界线之间
绘制尺寸线"决定，如图 6-40c)、d) 所示。

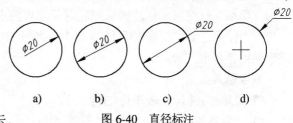

图 6-40　直径标注

6.3.4　标注角度（DIMRANGULAR 命令）

命令输入：

□ 菜单栏：【标注➜角度(A)】

□ "标注"工具栏："角度" 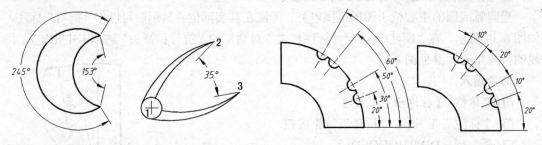 按钮

□ 命令行：DIMRANGULAR（别名 DAN）↵

角度标注测量两条直线或三点间的角度，也可测量圆弧的角度或者圆上两点间的角度。

输入命令后，提示：选择圆弧、圆、直线或〈指定顶点〉:。

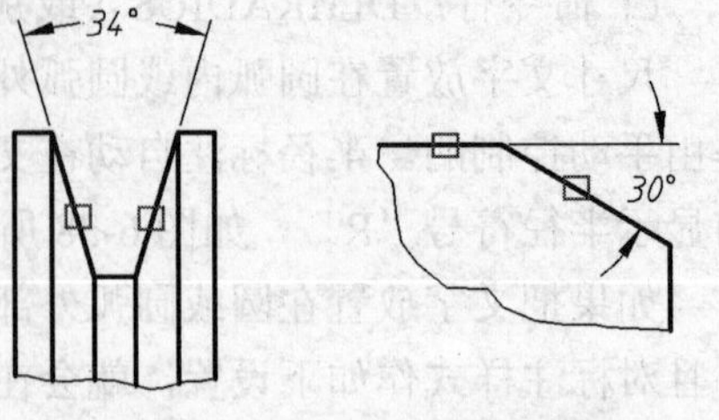

● 测量两条直线之间的夹角

依次选择两条直线后，进一步提示：指定标注弧线位置或［多行文字(M)/文字(T)/角度(A)］。指定尺寸线（即弧线）位置完成标注。如图 6-41 的示例。

图 6-41 测量两条直线间的角度

图 6-42 测量圆弧角度 图 6-43 测量三点间角度   图 6-44 基线和连续角度标注

● 测量圆弧角度

选择圆弧对象，指定尺寸线位置完成标注，如图 6-42 的示例。

● 测量三点间的角度

图 6-43 的示例，按[Enter]键接受默认选项〈指定顶点〉，在进一步提示下依次指定顶点 1 和两个端点 2、3，再指定尺寸线位置完成标注。

● 测量圆上两点角度

指定圆上两点，测量两点间的角度。由于选取点即测量点，因此要用捕捉象限点的方法指定测量点。

也可以用"基线标注"和"连续标注"命令对已有的一个角度标注进行基线和连续角度标注，如图 6-44 的示例。

6.3.5 坐标标注（DIMORDINATE 命令）

"坐标"标注用来标注测量点相对于原点的水平和垂直距离，如图 6-45 所示。在进行"坐标"标注之前，应该先用 UCS 命令（参见 10.2 节的讨论）指定新原点，使坐标原点与图形的测量基准一致。

命令输入：

□ 菜单栏：【标注➜坐标(O)】

□ "标注"工具栏："坐标" 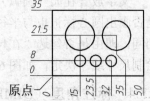 按钮

□ 命令行：DIMORDINATE（别名 DOR）↵

输入命令后，提示：指定点坐标。

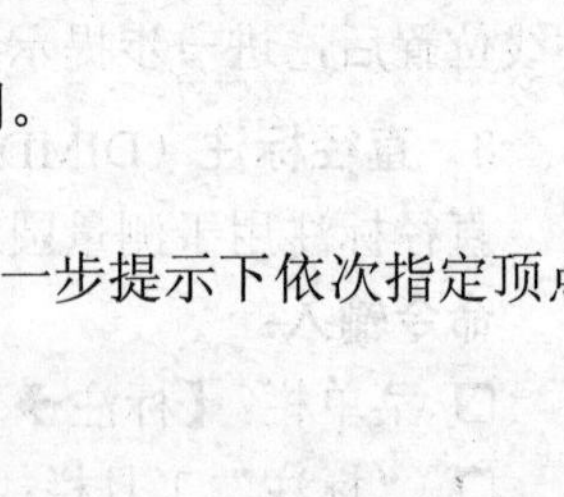

图 6-45 坐标标注

指定测量点后进一步提示：

指定引线端点或［X 基准(X)/Y 基准(Y)/多行文字(M)/文字(T)/角度(A)］

手动指定引线端点位置，AutoCAD 根据光标的位置决定标注 X 还是 Y 坐标。也可以选择"X 基准(X)"或"Y 基准(Y)"选项，强制标注 X 或 Y 坐标。

6.3.6 快速标注（QDIM 命令）

"快速标注"命令可以批量标注连续、基线、坐标等类型线性尺寸和直径、半径尺寸。AutoCAD 根据用户对命令选项的选择来决定标注的类型。该命令也可编辑现有尺寸的布局。如图 6-46 所示为快速标注的示例。

命令输入：
- 菜单栏：【标注➜快速(Q)】
- "标注"工具栏："快速标注" 按钮
- 命令行：QDIM↵

输入命令后，提示：

关联标注优先级 = 端点，选择要标注的几何图形:

不能使用捕捉对象的方法指定测量点，必须选择要标注的对象。如果选错对象，输入"r↵"，然后从选择集中去除对象。还可以输入"a↵"向选择集中添加对象。

又有提示：指定尺寸线位置或[连续(C)/并列(S)/基线(B)/坐标(O)/半径(R)/直径(D)/基准点(P)/编辑(E)/设置(T)]〈连续〉。

根据意图选择标注类型。图 6-46 是快速连续标注尺寸的示例，图 6-47 是快速并列标注的示例。

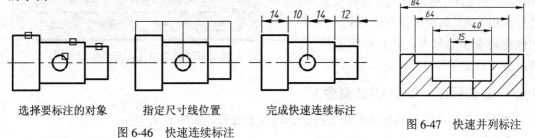

选择要标注的对象　　　指定尺寸线位置　　　完成快速连续标注

图 6-46　快速连续标注

图 6-47　快速并列标注

如果使用快速坐标标注，应该先用"基准点(P)"选项指定测量原点。

"编辑(E)"选项用于删除／添加测量点。既可以在进行标注时通过在两个测量点之间删除或添加测量点，将它们合并或拆分，也可以对已有标注中不符合意图的尺寸进行这样的编辑。如图 6-48 的例子，选择"编辑(E)"后，每个可编辑的测量点上都有"×"标记供选择。

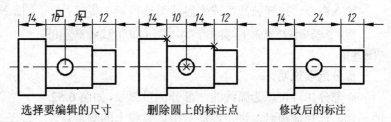

选择要编辑的尺寸　　　删除圆上的标注点　　　修改后的标注

图 6-48　使用快速标注的"编辑选项"

"快速标注"虽然可以批量地创建标注，但是大多数情况还需要对标注进行编辑才能符合用户意图。因此"快速标注"更适用于标注类型单一的简单图形。

6.3.7 引线标注（QLEADER 命令）

"引线"是连接图形和注释的线，如图 6-49 所示。可以从图形的任意点创建引线。

命令输入：

❏ 菜单栏：【标注➡引线(E)】

❏ "标注"工具栏： 按钮

❏ 命令行：QLEADER（别名 LE）↵

图 6-49 引线标注

输入命令后提示：指定第一个引线点或 [设置(S)] <设置>:。如果按[Enter]键，就打开"引线设置"对话框，如图 6-50 所示。如指定起点，则提示：指定下一点。

下一个提示：指定文字宽度 <0>:。如果不输入宽度，直接按[Enter]键，注释的文字为单行文字（DTEXT）。

下一个提示：输入注释文字的第一行 <多行文字(M)>:。

输入注释内容，又提示：输入注释文字的下一行，按[Enter]键，命令结束。

可以使用带有三个选项卡的"引线设置"对话框对引线标注的样式进行设置，包括引线点的数目、引线是直线段还是样条曲线、引线起始端的箭头类型、注释类型是文字还是块或形位公差等。

默认情况下，如果使用对象捕捉指定引线的起点，引线箭头便与对象上的位置相关联。如果重新定位对象，箭头保持附着于对象上，并且引线被拉伸，但注释文字保持原位。

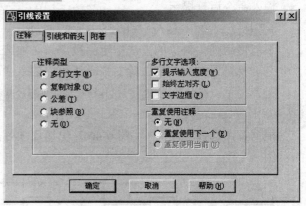

图 6-50 设置引线标注的样式

6.3.8 弧长标注（DIMARC 命令）

"弧长"标注用于测量圆弧或多段线弧线段的弧长，如图 6-51 所示。

命令输入：

❏ 菜单栏：【标注➡弧长(H)】

❏ "标注"工具栏："弧长" 按钮

❏ 命令行：DIMARC↵

输入命令，选择弧线段或多段线弧线段后，提示：

指定弧长标注位置或 [多行文字(M)/文字(T)/角度(A)/部分(P)/引线(L)]:

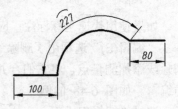

图 6-51 标注弧长

部分选项说明：

● 部分(P)：可以为弧线的一部分测量弧长，如图 6-52 的示例。选择此项后，进一步提示指定弧线上的测量点。

● 引线(L)：从尺寸线绘制引线指向所标注圆弧的圆心，仅当圆弧大于 90° 时才会显示此选项。

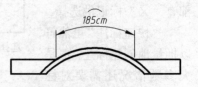

图 6-52 标注部分弧长

弧长文字上是否显示圆弧符号"⌒"以及放置的位置，在"新建/修改尺寸标注样式"对话框的"符号和箭头"选项卡中设置。

当圆弧的包含角小于 90° 时，显示互相平行的尺寸界线。

6.3.9 放置圆心标记（DIMCENTER 命令）

可以在在圆或圆弧的中心放置当前标注样式指定的圆心标记（参见图 6-10）。

命令输入：

❑ 菜单栏：【标注➜圆心(M)】

❑ "标注"工具栏："圆心标记" ⊕ 按钮

❑ 命令行：DIMCENTER（别名 DCE）↵

6.3.10 标注形位公差（TOLERANCE 命令）

形位公差是零件上点、线、面几何元素的形状、轮廓、方向、位置和跳动的允许偏差。在工程图样上形位公差是用框格形式表示的，如图 6-53 的示例。"公差"标注命令创建形位公差标注，也可以在"引线"标注命令中创建形位公差。

命令输入：

❑ 菜单栏：【标注➜公差(T)】

❑ "标注"工具栏："公差" ⊞1 按钮

❑ 命令行：TOLERANCE（别名 TOL）↵

图 6-53　形位公差框格

输入命令后出现"形位公差"对话框，如图 6-54 所示。

形位公差框格至少有两部分组成。单击第一个符号框显示"特征符号"对话框，在这里选择形位公差特征符号。

第二格内输入公差值。如果需要在数字前插入直径符号，单击其左侧小格，即添加"∅"。右侧小格用于添加包容条件符号，单击即显示"附加符号"对话框。

第三格用于生成第二项形位公差，方法同上。

第四、五、六框格用来写入形位公差基准的标识符号，其右侧的小格用于添入基准包容条件。

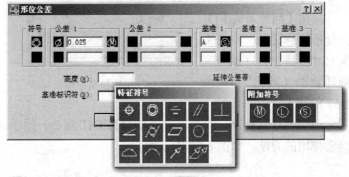

图 6-54　创建形位公差

标注混合形位公差时首先在第一行创建公差，然后为第二行选择与第一行相同的形位公差符号，再在第二行设置。

对话框的下部的"高度"、"延伸公差带"、"基准标识符"，用于投影公差带的标注。

6.4　编辑尺寸标注

6.4.1 修改标注文字和尺寸界线的位置（DIMTEDIT 命令）

DIMTEDIT 命令用于改动现有标注尺寸线和文字的位置和文字方向，可以用手动动态地指定尺寸线和文字的新位置。

命令输入：

❑ 菜单栏：【标注➜对齐文字(X)】

❑ "标注"工具栏："编辑标注文字" ![按钮图标] 按钮

❑ 命令行：DIMTEDIT（别名 DIMTED）↵

输入命令后提示：选择标注：。

选择标注，进一步提示：指定标注文字的新位置或 [左(L)/右(R)/中心(C)/默认(H)/角度(A)] 。

下一步可以移动光标指定尺寸线和标注文字的新位置，或者选择选项对文字位置或方向作改动，如图 6-55 的示例。

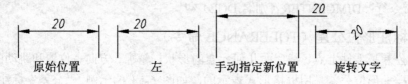

图 6-55   改变标注文字位置

选项说明：

● **左/右/中心**：使标注文字左移/右移/置中。

● **默认**：使标注文字恢复原始位置。

● **角度**：旋转标注文字。

利用快捷菜单可以获得更多编辑标注文字的功能。选择要编辑的标注，右击鼠标，在显示的快捷菜单中除了【标注文字位置(X)】，还有【翻转箭头(F)】、【精度(D)】等，如图 6-56 所示。

单击【翻转箭头(F)】，会使所选标注的一个箭头从尺寸界线之内（或外）翻转到外（或内），如图 6-57 的例子。

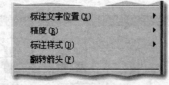

图 6-56   用快捷菜单编辑标注

图 6-57   翻转箭头

为了使标注规范、清晰，通过 DIMTEDIT 命令，用手动移动尺寸线和文字的位置，是经常使用的方法，如图 6-58 的示例。

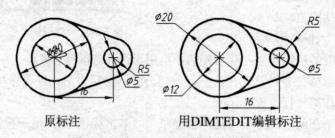

图 6-58   用 DIMTEDIT 命令编辑标注

6.4.2   修改文字内容、倾斜尺寸界线（DIMEDIT 命令）

DIMEDIT 命令可以使尺寸界线倾斜，也可以修改标注文字的内容和文字的方向。

命令输入：

❑ 菜单栏：【标注➡倾斜(I) / 标注➡对齐文字(X) ➡默认(H)】

❑ "标注"工具栏："编辑标注" 　**A**　按钮

❑ 命令行：DIMEDIT（别名 DIMED）↵

输入命令后提示：输入标注编辑类型 [默认(H)/新建(N)/旋转(R)/倾斜(O)] <默认>：
先输入选项（编辑类型），再根据提示操作。

选项说明：

● **默认(H)**：将旋转标注文字移回默认位置。按[Enter]键即选择此项，。然后指定标注。

● **新建(N)**：编辑标注文字。选择此项后，出现"文字编辑器"，输入新的标注文字后
选择"确定"。然后指定要修改的已有标注。

● **旋转(R)**：旋转标注文
字。指定文字旋转角度，然后
选择要修改的标注。

● **倾斜(O)**：倾斜尺寸界
线。选择要修改的已有标注，
指定输入倾斜角度。如图 6-59
的例子。

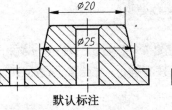
默认标注

倾斜尺寸界线

图 6-59　倾斜尺寸界线

6.4.3　用"快速标注"命令编辑标注

"快速标注"（QDIM）命令（参见在 6.3.6 节的讨论），也可以用于编辑现有标注。它
可以作如下编辑：

● 对测量点进行删除以合并尺寸，或增加测量点以拆分尺寸。

● 移动尺寸线位置。

● 改变标注类型。

6.5　查询和计算命令

AutoCAD 提供了几个查询和计算命令，可以提供图形中
对象的信息以及执行一些几何计算。调用这些可以命令使用
菜单栏【工具➡查询】，或者如图 6-60 所示的"查询"工具
栏。

面域/质量特性　　点坐标

查询

距离

周长/面积　　对象信息列表

图 6-60　"查询"工具栏

6.5.1　查询距离（DIST 命令）

指定两点位置后，在命令区列出两点之间的距离、方位
角以及两点之间的水平和垂直距离。

6.5.2　计算面积和周长（AREA 命令）

输入命令后提示：指定第一个角点或 [对象(O)/加(A)/减(S)]：。

只需在命令提示下逐点指定闭合区，就可计算通过指定点所定义的任意形状闭合区的
面积和周长。

也可以指定"对象(O)"选项，计算圆、椭圆、多边形、多段线、样条曲线等对象的闭

合区域的面积和周长。对于非闭合的对象，则假想起点、
终点由一条直线连接形成闭合区，如图 6-61 的示例。

指定对象　　　　测量面积

图 6-61 测量非闭合的
样条线的面积

　　AREA 命令还可以进行"加"和"减"两种模式的面
积测量计算，在"减"模式下计算总面积时将测量的面积
以负值来处理。

　　例如，要计算如图 6-62 中圆与多边形之间的区域面
积。

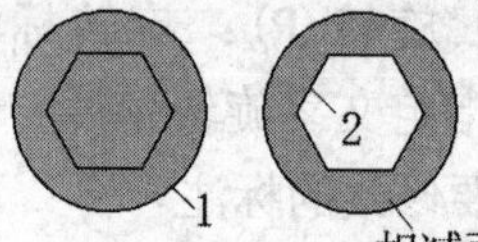

　　在提示下指定"加(A)"选项，下一步提示：指定第一个角点或 [对象(O)/减(S)]:。

　　指定"对象(O)"选项，提示：("加"模式) 选择对象 。

　　选择圆，并按[Enter]，命令区列出：

面积 = 2827.4334，周长 =188.4956

总面积 =2827.4334

("加"模式) 选择对象: 指定第一个角点或 [对象(O)/减(S)]:

相减面积

图 6-62　测量相减面积

　　再指定"减(S)"选项。接着提示：指定第一个角点或 [对象
(O)/减(S)]:。

　　指定"对象(O)"选项，提示：("减"模式) 选择对象 。

　　选择多边形，命令区列出：

面积 =1039.2305，周长 =120.0000

总面积 =1788.2029。

6.5.3　查询指定点的坐标（ID 命令）

　　ID 命令用于查询指定点的坐标。该点也可以作为下一个命令的相对坐标的参照点。

6.5.4　对象信息列表（LIST 命令）

　　LIST 命令用一个文本窗口显示所选对象的信息。信息内容根据对象类型而不同。

> ➢　获取对象信息更好的方法是使用"特性"选项板（参见 3.2.2 节的讨论）。选择一个
> 　　对象，该对象的基本信息和几何信息都显示在"特性"选项板上。

6.6　AutoCAD 的计算器

　　AutoCAD 提供了命令行计算器和"快速计算"计算器两种计算器。

6.6.1　命令行计算器（CAL 命令）

　　用户调用"命令行计算器"后，就可以通过在命令行输入表达式，快速解决数学问题
或者在图形中定位点。

　　"命令行计算器" CAL 是命令行命令，可以"透明地"调用，即输入：'cal↙（所谓透
明地使用命令，就是在另一个命令中间插入使用，有关透明命令的讨论，参见 2.3.6 节）。

　　CAL 是一个几何计算器，不仅可以计算实型或整数型表达式的值，还能对坐标进行计
算，计算点和矢量。还可通过对象捕捉函数（例如：CEN、END 和 INS）获取已有几何图
形上的点，用作表达式中的变量。任何时候都可以在命令行中使用 CAL 命令来计算点或数

值。

【例2】 计算 $12.5^2 \times (24.7 + 2.5) \div \pi$ 的值。

计算数值比较简单。

命令: cal↵

>> 表达式: 12.5^2*(24.7+2.5)/pi ↵   按规定格式输入表达式

1352.8170162811   计算结果

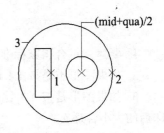

图 6-63   使用计算器定圆心和半径

【例3】 如图 6-63 示例,在矩形边中点与圆的象限点连线的中点处,作一个圆,其半径为已知圆半径的 1/3。

输入 CIRCLE 命令后,先透明地调用 CAL 命令,定位新圆的圆心,然后再次透明调用 CAL 计算半径。

指定圆的圆心或 [三点(3P)/两点(2P)/相切、相切、半径(T)]: 'cal↵ 透明使用 CAL 命令,计算圆心

>>>> 表达式: (mid+qua)/2↵   输入表达式,其中用到对象捕捉函数

>>>> 选择图元用于 MID 捕捉: 选择直线(1)

>>>> 选择图元用于 QUA 捕捉: 选择圆的象限点(2)

指定圆的半径或 [直径(D)] : 'cal↵   再次透明使用 CAL 命令,计算半径

>>>> 表达式: rad/3↵   输入表达式,其中有专用的数值函数

>>>> 为函数 RAD 选择圆、圆弧或多段线线段: 选择圆(3)

指定圆的半径或 [直径(D)] <100.0000>: 33.333333333333

可见该计算器很适用于绘图过程。由于 AutoCAD 的计算器有规定的格式、表达式语法、一组特殊的函数,因此它实际上是一个较简单的编程语言,功能较强,内容颇多。读者可以通过"AutoCAD 帮助"进一步学习。

6.6.2 "快速计算"计算器(QUICKCALC 命令)

"快速计算"计算器有一个外观和功能与手持计算器相似的界面,如图 6-64 所示。它包括与大多数科学计算器类似的基本功能。可以用它进行科学和表达式计算。"快速计算"计算器还具有特别适用于 AutoCAD 的功能,例如它具有几何函数,具有与"命令行计算器"相同的功能。计算器上还有单位转换区域和变量区域。

命令输入:

❑ 菜单栏【工具➜快速计算器】

❑ "标准"工具栏: 📇 按钮

❑ 命令行:QUICKCALC(或别名 QC)↵

❑ 快捷键[Ctrl+8])

可以用以上方法直接打开"快速计算"计算器。也可以在命令执行期间,用以下方式透明地访问"快速计算":

● 在绘图区右击,在快捷菜单上单击快速计算器。

● 命令行输入:"'quickcalc↵",或"'qc↵"。

图 6-64   快速计算器

思 考 题

1. 要建立符合国家标准的标注样式，需要改动"ISO-25"样式中的哪些设置？

2. 如果图形不是按 1:1 比例绘制的，如何才能标注出实际尺寸？

3. 如果图形是按 1:1 比例绘制的，但预计打印时需要缩小，怎样才能使标注元素在打印后的大小合适？

4. 怎样为图形中的重要尺寸添加尺寸公差？

5. 参照本章 6.2.7 的示例创建符合国家标准的标注样式，并保存在样板中备用。

练 习 题

绘制如下图形，并尽量按照图中式样标注尺寸。

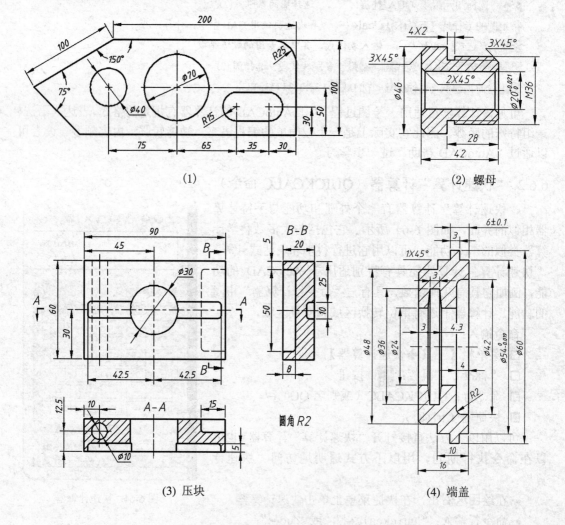

(1)

(2) 螺母

(3) 压块

(4) 端盖

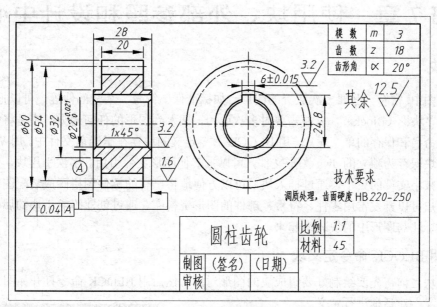

(5) 圆柱齿轮零件图

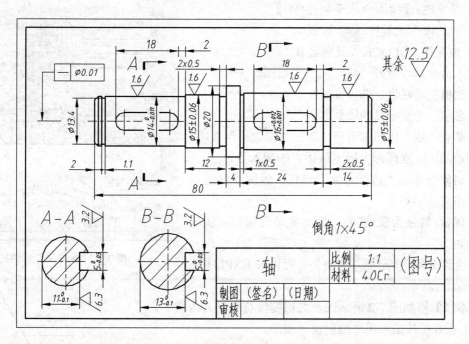

(6) 轴零件图

第 7 章　使用块、外部参照和设计中心

7.1　块

在绘图中，常有一些要多次放置的图形，如标准件、符号、某些部件等。可以把这些图形定义成"块"（Block），以便需要时多次引用，插入到图形的任何地方。块是将多个对象组合起来命名和保存的单个对象。用 BLOCK 命令定义的块存在于当前文件中。用 WBLOCK 命令则将块保存为独立的 dwg 图形文件，可以被其他图形文件引用。多次引用块，代替多重复制，可减小文件的大小。通过插入块，可以方便地将已有的零件图拼画成装配图。利用块功能，用户可以开发常用零件、符号、部件的图形资料库。通过创建附着于块的属性，还可以将文字标注与图形中的块联系起来。

7.1.1　用 BLOCK 命令定义块

创建块之前，先要绘制好要组成块的图形对象。然后用 BLOCK 命令打开如图 7-1 所示的"块定义"对话框进行定义。

命令输入：

❑ 菜单栏：【绘图➜块➜创建(M)】

❑ "绘图"工具栏：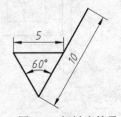 按钮

❑ 命令行：BLOCK（或别名 B）↵

输入命令后，打开"块定义"对话框。

对话框主要栏目、选项说明：

● **名称**：为要定义的块命名。

● **基点**：插入块的参考点。单击"拾取点"按钮，将返回绘图区，在图形上指定最适宜的插入点。

● **对象**：单击"选择对象"按钮，返回绘图区，选择要组成块的对象。

● **保留/转换为块/删除**：原对象是否保留，或者转换为块。

● **允许分解**：指定插入的块是否可以被 EXPLODE 命令分解。

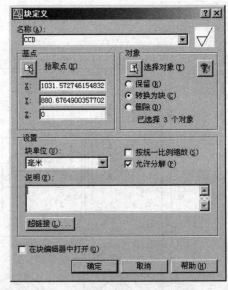

图 7-1　"块定义"对话框

【**例 1**】将如图 7-2 所示的表面粗糙度符号定义为块。

(1) 在 0 层按图示尺寸绘制符号图形。

(2) 输入 BLOCK 命令，打开"块定义"对话框，在名称栏输入块名。本例的块名：CCD。

(3) 单击"基点"区的"拾取点"按钮，返回绘图区，本例应指定符号的尖角作为插入基点。

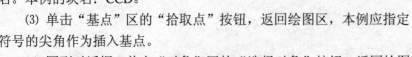

图 7-2　粗糙度符号

(4) 回到对话框，单击"对象"区的"选择对象"按钮，返回绘图区，选择要组成块的对象，按[Enter]键回到对话框。

(5) 在"对象"区域，选择"删除"单选钮。

(6) 单击 确定 按钮，块定义完毕，它被存放在当前图形文件中。

7.1.2 用 WBLOCK 命令将块作为文件存储

用 BLOCK 命令定义的块存在于当前文件中，不能被其他图形直接引用。必须使用"写块"命令（WBLOCK，或别名 W）将现有块写入磁盘，保存为独立的 dwg 图形文件。

输入 WBLOCK 命令后出现"写块"对话框如图 7-3 所示。

图 7-3 "写块"对话框

对话框主要栏目、选项说明：

- **源**：选择如何创建要保存为块的文件。可以从已有块中选择，也可以从当前图形中选定对象，直接作为块保存为图形文件。还可以指定整个图形为要保存的块。

- **基点/对象**：在"源"区选择"对象"选项时，需要返回绘图区选择对象并指定基点。

- **目标**：要保存的块文件名称和路径。

如果在"源"区选择"整个图形"选项，把全图作为块保存时，默认的基点为 0，0，0。可以用"基点"命令（BASE，菜单栏【绘图➔块➔基点(B)】）为当前图形指定基点。

7.1.3 插入块（INSERT 命令）

可以用任意比例、任意旋转角度将当前图形中的已有块，或者将一个已存储的图形文件插入到图形的任意位置。

命令输入：

❏ 菜单栏：【绘图➔块➔插入(I)】

❏ "绘图"工具栏： 按钮

❏ 命令行：INSERT（或别名 I）↵

输入命令后打开"插入"对话框如图 7-4 所示。

对话框主要栏目、选项说明：

- **名称**：从下拉框指定要插入块的名称，或者单击 浏览(B) 按钮，在随后打开的"选择图形文件"对话框指定要作为块插入的文件。

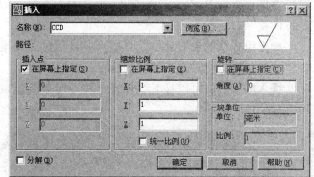

图 7-4 "插入"对话框

- **插入点**：插入块的位置，一般勾选"在屏幕上指定"。

- **缩放比例**：指定插入的块的比例因子。可以为插入块的 X、Y、Z 方向分别指定比例，也可以使用统一比例。当比例因子是负数时，插入的块为镜像，如图 7-5 的示例。

- **旋转**：插入块的旋转角。

如果勾选"在屏幕上指定"，AutoCAD 就会在命令行提示输入信息：

指定插入点或 ［基点(B)/比例(S)/X/Y/Z/旋转(R)/预览比例(PS)/PX/PY/PZ/预览旋转(PR)］：

输入 X 比例因子，指定对角点，或 ［角点(C)/XYZ］〈1〉：

输入其他比例因子，或者按[Enter]键接受默认的比例因子 1。如果输入了 X 方向的比例，AutoCAD 就会进一步提示要求输入 Y 方向的比例。如果是三维模型，使用 XYZ 选项指定所有三个方向的比例。

- **角点(C)**：定义一个方框，将以插入点和另一点作为方框的角点，方框的边定义了 X 和 Y 的比例因子。

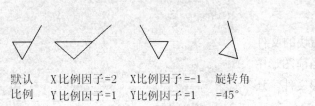

默认　　X比例因子=2　　X比例因子=-1　　旋转角
比例　　Y比例因子=1　　Y比例因子=1　　=45°

图 7-5　　插入块的比例因子和旋转角

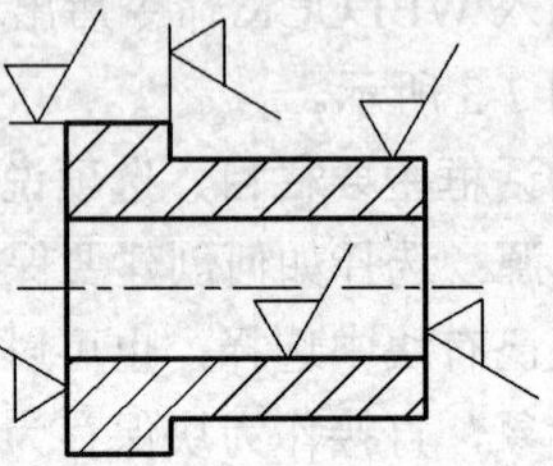

图 7-6　　插入粗糙度符号块

图 7-6 是将前面例 1 定义的粗糙度符号块，插入一个零件图后的示例。

7.1.4　块与图层的关系

块可以由绘制在几个图层上的对象组成，块插入图形时处在当前图层上。

块保存了所含对象的原图层、颜色和线型特性的有关信息。可以控制块中的对象是保留其原特性还是继承当前图层的颜色、线型或线宽设置。

如果组成块的原对象位于非 0 层，块中的各对象的颜色、线型、线宽特性采用缺省的 ByLayer（随层）。当把块插入图形时，块中各对象的特性将保留其原特性。如果组成块的各对象特性设置为 ByBlock（随块），那么无论原来它们建在什么层上，当块插入时将用当前层的特性绘制。

如果组成块的原对象位于 0 层，并且颜色、线型、线宽都设为 ByLayer，把块插入图形时，块中各对象将采用当前层的特性。

插入图形的块可以被 EXPLODE 命令分解为组成块之前的对象，分解后它们将回到组成块之前的层。

> ➢　　把一般目的的符号块放在 0 层创建图形和定义块，这样插入的块将继承当前图层的特性，不易发生混淆。因此建议将 0 层保留专用于建块。

7.2　带有属性的块

属性是将数据附着到块上的标签或标记，即块可以附着一些文字信息，这些文字信息就是块属性（Attribute）。例如将图样的标题栏创建成块，可以将标题栏中各个栏目待填的文字作为块属性。插入块时，命令行就会有提示信息显示，用户就可以根据提示输入不同的文字，这样得到填写完整的标题栏。

7.2.1 定义属性（ATTDEF 命令）

把属性附加到块上的过程为：

(1) 绘制要组成块的图形。

(2) 定义属性。

(3) 定义带属性的块。

命令输入：

❏ 菜单栏【绘图➜块➜定义属性(D)】

❏ 命令行：ATTDEF（或者别名 ATT）↵

输入命令后出现"属性定义"对话框，如图 7-7。

对话框主要栏目、选项说明：

■ **属性**

• **标记**：属性的名称。

• **提示**：插入包含该属性定义的块时出现在命令行的提示信息。

• **值**：属性的默认值。

■ **文字选项：**

设置文字的插入点对正方式、文字样式、字高等。

■ **模式**

• **不可见**：不显示、不打印块属性。

• **固定**：在插入块时赋予属性固定值。

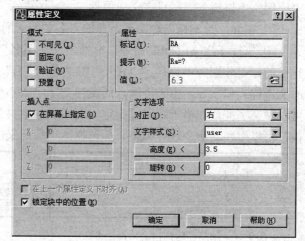

图 7-7　"属性定义"对话框

• **预置**：插入包含预置属性值的块时，将属性设置为默认值。

【**例 2**】制作带有 Ra 数值（轮廓算术平均偏差值）的表面粗糙度符号的块。

(1) 绘制表面粗糙度符号，如图 7-2 所示。

(2) 定义块属性：输入 ATTDEF 命令，在对话框中设置各项：

• 属性标记名为 "RA"。

• 提示文字为 "Ra=?"。

• 默认的属性值为 "6.3"。

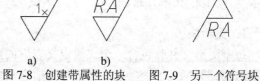

　　a)　　　　　　b)

图 7-8　创建带属性的块　　图 7-9　另一个符号块

• 由于 Ra 值的字符串长度不固定，所以"对正"采用右对齐，字高 3.5。

单击 确定 按钮返回绘图区，指定点 1 为属性插入点，如图 7-8 a) 所示。完成属性定义，在符号上出现 "RA" 属性标记，如图 7-8b) 所示。

(3) 定义带属性的块：执行 BLOCK 命令，创建名为 "CCD" 的块。选择对象时将已定义的属性标记 "RA" 与粗糙度符号一并选择，属性便成为块的组成部份。

(4) 图样上零件表面各个朝向都有。由于文字在图样中不允许字头朝下或朝右，因此还要创建一个图形方向相反的粗糙度符号，命名为 "CCD2"，如图 7-8 所示，过程略。

至此两个带有属性的粗糙度符号块创建完成。

7.2.2 插入带有属性的块

在图形中插入带有属性的块的方法与不带有属性的相同，只是还要根据提示输入文字。

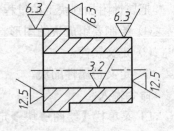

如图 7-10 的示例中，将例 2 的两个粗糙度块分别插入图形，并输入不同的文字。

块如果需要同时附着几个属性，应先定义这些属性，然后将它们包括在同一个块中。

图 7-10　插入带属性的块

【**例 3**】创建图样上的标题栏块。将"图名"、"图号"、"比例"、"材料"等栏目定义成属性。

⑴ 在 0 层绘制标题栏图形，并输入各栏目名称（绘制过程略）。

⑵ 执行 4 次 ATTDEF 命令，分别定义"图名"、"图号"、"比例"和"材料"4 个属性。它们的标记分别为"TM"、"TH"、"BL"和"CL"，并指定适当的提示文字和缺省值，合适的文本样式和字高。由于待输入的属性文字字数不一，所以"对正"选项采用"中间"，这可以使文字被放在格子中间。指定相应格子的中央为属性插入点。如果属性标记位置放置有偏，可以用移动命令进行调整。标题栏图形和定义的 4 个属性标记如图 7-11 所示。

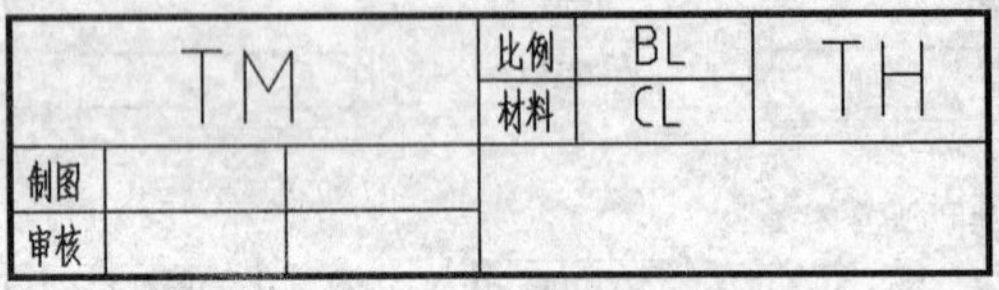

图 7-11　绘制标题栏，定义各栏属性　　　　　　图 7-12　插入标题栏块示例

⑶ 用 BLOCK 命令定义带属性的标题栏块，块名为"BTL"，选择框格和所有属性标记，基点为标题栏框的右下角。

⑷ 用 WBLOCK 命令将该块取名存盘，生成图形文件"标题栏.dwg"备用。

⑸ 用 INSERT 命令插入该块，在提示下输入适当的文字，结果如图 7-12 所示。

7.3　修改块和属性

1．更新块

每个图形文件都包含一个"块定义表"的数据区域。其中存储着全部的块定义。在图形中插入块时即插入了块参照，这不仅将信息从块定义复制到绘图区域，而且在块参照与块定义之间建立了链接。因此，如果修改块定义，即用相同的名称重新定义块，所有的块参照也将自动更新。

2．块属性管理器

创建或插入了带属性的块后，也可以修改属性的所有内容。

命令输入：

□ 菜单栏【修改➡对象➡属性➡块属性编辑器(B)】

□ "修改 II"工具栏： 按钮

    ❏ 命令行：BATTMAN↵

该命令打开"块属性编辑器"，如图
7-13 所示。可以对以下内容进行编辑：

    • 属性的提示顺序

    • 标记名称、提示文字、默认值

    • 文本选项（文字样式、字高、对
正、旋转等）

    • 属性的特性（层、颜色、线型、
线宽等）

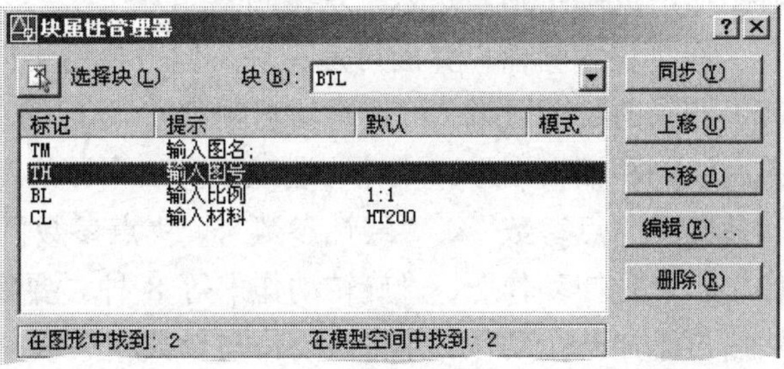

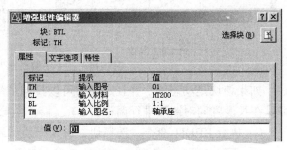

图 7-13　块属性管理器

    • 属性的可见性

    • 删除一个属性

"块属性编辑器"不能更改已插入块的属性值。

3．更改属性值

命令输入：

    ❏ 菜单栏【修改➔对象➔属性➔单个(S)】

    ❏ "修改 II"工具栏：🗸 按钮

    ❏ 命令行：EATTEDIT↵

输入命令后，选择一个带有要修改属
性值的块，打开"增强属性编辑器"，如图
7-14 所示。在"属性"选项卡选择某个属
性标记，就可以改变已经输入的属性值；
在"文字选项"和"特性"选项卡可以对
所选标记的文字选项和特性进行修改。

    打开"增强属性编辑器"的另一个方

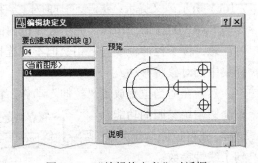

图 7-14　更改属性值

法是输入 DDEDIT（"修改文字"命令，别名 ED，参见第五章），然后选择带属性的块。

> ➢ 如同双击文字即可编辑文字对象一样，双击要进行修改的属性文字就可以打开
> "增强属性编辑器"。

7.4　动态块

所谓"动态块"是向块定义中添加动态行为，
以便用户可以在图形中对块进行操作、调整，而不
用另外定义块，或者重定义现有的块。使用动态块
为块增加了灵活性。

向块定义添加动态行为是通过"块编辑器"
进行的。执行 BEDIT 命令，或者双击图形中的块
参照，或者由菜单栏【工具➔块编辑器(B)】，打开
"编辑块定义"对话框，如图 7-15 所示。从中选
择要添加动态行为的块，也可以选择并不是块的当

图 7-15　"编辑块定义"对话框

前图形，按<u>确定</u>后，进入"块编辑器"。

在"块编辑器"界面可定义块，但主要用于向现有块或新定义块添加动态行为。它由浅黄色背景的绘图区域（可设置其它颜色）、专门的块编写选项板和工具栏组成。用户可以在绘图区绘制和编辑图形。块编写选项板有三个："参数"、"动作"和"参数集"。可以添加的参数有"点参数"、"线性参数"、"点参数"、"旋转参数"等 10 种，动作有"移动动作"、"拉伸动作"、"旋转动作"等 8 种。要使块成为动态块，必须至少添加一个参数，然后再添加一个动作，并将该动作与参数相关联。AutoCAD 将定义与所添加参数相关联的夹点。插入块后，用户通过夹点操作来修改动态块参照中的图形。

【例 4】在图形中要插入图 7-16 所示图形的块参照，编辑图形时可能需要更改图形的长度，并且两个圆应随右边端线一起移动，但中间长圆的位置和长度不变化。

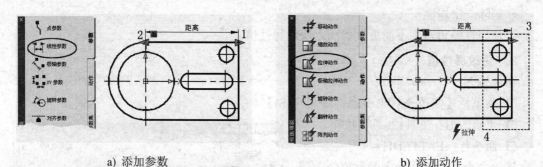

　　　　a) 添加参数　　　　　　　　　　　　　　　　　b) 添加动作

图 7-16　在"块编辑器"添加动态行为

如果该块是动态的，并且定义为可以拉伸，那么在插入块后只要拖动自定义的夹点，就可以在长度方向对图形进行调整。

(1) 执行 BEDIT 命令，选择块，进入"块编辑器"。

(2) 添加参数。由于要调整的是长度，所以在"参数"选项板单击"线性参数"，然后在绘图区的图形上指定该参数的关键点（点 1、2），并在适当位置放置参数标签，如图 7-16a) 所示。线性参数标有"距离"，显示形式与尺寸标注相似。AutoCAD 在关键点自动添加与线型参数相关联的夹点。参数夹点附近的警告图标表示该参数还没有关联任何动作。

(3) 添加动作。在"动作"选项板单击"拉伸动作"。在命令行提示下选择线性参数。接着提示：指定要与动作关联的参数点或输入[起点(T)/第二点(S)] <第二点>。"起点"、"第二点"指的是加入线性参数时先后指定的两点。这里应指定点 1 为与拉伸动作关联的参数点。又有提示：指定拉伸框架的第一个角点或 [圈交(CP)]:。与参数关联后，要定义一个拉伸框（点 3、4），如图 7-16b) 所示。又提示：指定要拉伸的对象。指定两个圆、右端线、上下边为拉伸对象。拉伸动作与 STRETCH 命令相似，完全处于框内的对象将被移动，与框相交的对象将被拉伸。但是要注意：位于拉伸框或与之相交但不在选择集中的对象不拉伸或移动，位于框外但包含在选择集中的对象将移动。

然后在适当位置放置"拉伸"动作，标签显示为闪电图标和文字。它在块定义中的位置不会影响块参照的功能。

这样，就将拉伸动作关联到了线性参数。

(4) 单击如图 7-17 所

┌─ 保存块定义

`⚡ 🔲 🔲 04 ＿＿＿＿＿＿＿＿ 🔳 ⊢| ⚡ 🗏 🔳 ⓘ 关闭块编辑器(C)`

图 7-17　动态块工具栏

示块编辑工具栏上的"保存
块定义"按钮、然后关闭"块
编辑器"。

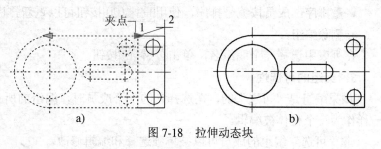

（5）在图形中测试动态
块。选择该块参照，块参照
图形将高亮显示（虚线），
其上出现浅蓝色箭头状夹

图 7-18　拉伸动态块

点，如图 7-18a) 所示。激活右端夹点 1，即可进行拉伸操作，光标移至点 2，单击，结果如
图 7-18b) 所示。

7.5　对象编组

"编组"是将对象的选择集命名，编组将随图形保存。当需要对这些对象进行编辑时，
既容易选择，又可以像一个对象一样进行操作。创建、修改编组是在"对象编组"对话框进
行的，如图 7-19 所示。打开对话框的命令是 GROUP（或别名 G）。

1．创建编组

● 创建命名的编组

在"编组标识"区域输入编组名，然后单
击 新建(N)< ，返回绘图区，选择想要编组的
对象，按[Enter]键返回对话框，单击 确定
键，即完成编组。

● 创建未命名的编组

如果在"创建编组"区域先勾选"未命名
的"复选框，再单击 新建(N)< ，则创建自动命
名为"*A1"、"*A2"、…的编组。

● 查找、辨认编组

在"编组标识"区域单击 查找名称(F)< 按
钮，可以在选择一个对象时列出该对象所属的
组名。

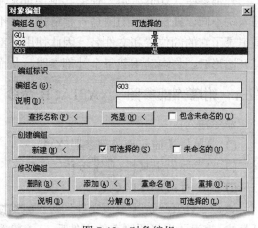

图 7-19　对象编组

在对话框上部的编组名列表中选择一个编组，然后使用 亮显(H)< 按钮，可以在图形中亮
显组中所有对象，以便辨认。

如果在"编组标识"区域不勾选"包含未命名的"复选框，编组列表中不出现未命名编
组。

2．修改编组

● 删除/添加编组成员：

在"修改编组"区域，删除(X)< 按钮用于将编组成员从编组中移去（这些对象并不从图
形中删除）；添加(A)< 按钮用于将所选对象添加入编组中。

● 重命名：

在列表中选择一个编组，在"编组名"框中输入新名称，再单击 重命名(M) 按钮。

- **重排序**：成员按编号排序，使用 重排(O) 按钮可以重新排序。
- **删除编组：**

在列表中选择一个编组名，单击 分解(E) 按钮。

3．编组的可选性

如果编组是"可选"的，在选择它的一个成员时，编组的所有成员都被选中，可以像块一样作为一个整体被编辑。

非"可选"编组的成员可以被单独选择和编辑修改。

在创建编组时，它是否"可选"由"可选择的"复选框指定。

在列表中选择一个编组名，再单击"修改编组"区域的 可选择(L) 按钮，该编组的"可选"性就被反转。

> ➤ 利用夹点编辑方法可以对"可选"编组的单个成员进行编辑操作。
> ➤ "编组"与"块"的不同处主要在于编组中的成员可以被单独编辑，而块不能（除非将块分解）。另外块可以被其他文件引用，而编组不能。

7.6   外部参照

外部参照（xrefs）是一种把其他 AutoCAD 图形文件附着在当前图形文件的方法。但与插入块不同，外部参照的图是一种链接，并不作为当前图形的一部分真正插入。当前文件只是记录了它的的位置和文件名。因此使用外部参照不会显著增加当前图形文件的大小。每次打开图形时，将自动重载每个外部参照，从而反映参照图形文件的最新版本。

7.6.1   附着外部参照（XATTACH 命令）

命令输入：

❏ 菜单栏【插入➜外部参照(X)】

❏ "参照"工具栏： 按钮

❏ 命令行：XATTACH↵

该命令打开"选择参照文件"对话框中，搜索并选择要附着的文件后，又打开"外部参照"对话框，如图 7-20 所示。

插入外部参照的文件是"主文件"。可以看出，在图形中附着外部参照的方法与插入块的方法类似，只是多了几个选项。

图 7-20 "外部参照"对话框

对话框的部分栏目、选项说明：

■ **参照类型**

- **附着型**：附着型外部参照可以嵌套在其他外部参照中，即外部参照还可以附着其他外部参照。如图 7-21 a)所示，当前文件是 B.dwg，以附着型的方式使用了 C.dwg 为外部参照，如果另一个文件 A.dwg 引用 B 为外部参照时，在 A 中可以显示 C。

● **覆盖型**：覆盖型外部参照不能显示嵌套的外部参照。在如图 7-21b) 所示，B.dwg 以覆盖型方式使用了 C.dwg 为外部参照，当 A.dwg 引用 B 为外部参照时，C 在 A 中是不可见的。

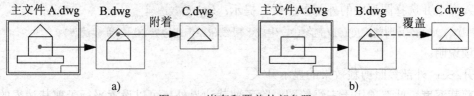

图 7-21　嵌套和覆盖外部参照

■ **路径类型**：

打开文件，重载外部参照时，AutoCAD 要查找文件，参照文件的路径类型有三种：

● **完整路径**：即绝对路径，需要指定外部参照图形的全部路径，包括盘符。

● **相对路径**：仅保存外部参照图形相对当前文件的路径。如果整个工程项目的文件夹可能会移动或复制时，应该选此项。

● **无路径**：使用图形的当前文件夹。当外部参照文件与当前文件始终会处于同一个文件夹时选此项。

在图中插入了外部参照后，可以对它整体作移动、旋转等操作，也可以对其中的图形使用对象捕捉。但像块一样，外部参照不能被拆分。

7.6.2　外部参照管理器（XREF 命令）

❑ 菜单栏【插入➡外部参照管理器(X)】

❑ "参照" 工具栏： 按钮

❑ 命令行：XREF↵

打开"外部参照管理器"对话框，如图 7-22 所示。可以以列表或树状图的形式显示图形包含的参照名称、加载状态、文件大小、存储路径及其嵌套层次等信息。也可以对从中选择的参照进行下列操作：

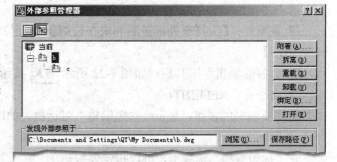

● **附着**：打开 "选择外部参照" 对话框，选择需要插入的参照文件。

● **拆离**：完全删除参照。

图 7-22　"外部参照管理器"

● **卸载**：移去参照，但保留路径。

这会减少内存占用量，加快文件打开速度。当再需要该参照时，可以用 重载(R) 按钮。

● **重载**：将参照文件的最近保存版本读取到图形中。

● **绑定**：将外部参照转换成 "块"，永久插入到当前文件。

7.6.3　剪裁外部参照（XCLIP 命令）

为图形中的参照定义了剪裁边界后，在主图形中仅显示位于剪裁边界内的参照图形。常用于大型的外部参照。

❑ 菜单栏【修改➡剪裁➡外部参照(X)】

❑ "参照"工具栏： 按钮

❑ 命令行：XCLIP↵

输入命令并选择图形中的外部参照后，提示：输入剪裁选项

［开(ON)/关(OFF)/剪裁深度(C)/删除(D)/生成多段线(P)/新建边界(N)］〈新建边界〉：

选项说明：

● **开/关**：外部参照剪裁效果的显示开关。

● **剪裁深度**：此选项用于三维绘图。除了剪裁边界外，可以设置平行于剪裁边界的前、后剪裁平面。仅显示外部参照处于边界内并且在前、后剪裁面之间的部分。

● **删除**：删除边界。

● **生成多段线**：沿剪裁边界生成多段线。

● **新建边界**：此为默认选项，用于指定剪裁边界。按[Enter]有更多选项：

［选择多段线(S)/多边形(P)/矩形(R)］〈矩形〉：

● **选择多段线**：选择一个已有多段线，剪裁时以多段线的顶点围成的边界进行剪裁（边界不按圆弧段弯曲）。

● **多边形**：依次指定顶点，围成多边形边界。

● **矩形**：指定两个对角点，创建矩形边界。

> ➢ 对块也可以使用 XCLIP 命令进行剪裁。

7.6.4 在位编辑参照（REFEDIT 命令）

编辑外部参照最简单、最直接的方法是在单独的窗口中打开参照的图形文件。也可以从当前图形中"在位编辑参照"。

进入"在位编辑参照"：

❑ 菜单栏：【工具➜外部参照和块在位编辑➜在位编辑参照(E)】

❑ "参照编辑"工具栏，如图 7-23 所示 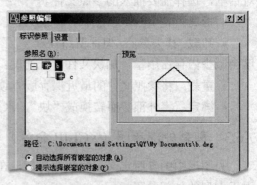 按钮

❑ 命令行：REFEDIT↵

图 7-23 "参照编辑"工具栏

选择要编辑的参照，显示"参照编辑"对话框，如图 7-24 所示。也可以通过双击参照打开此对话框。

在"标识参照"选项卡，可以指定要编辑的参照，并显示了其嵌套关系，可以控制嵌套对象是否自动包含在编辑任务中。在"设置"选项卡，控制从参照中提取的层、块、样式是否可以修改，是否锁定不在工作集中的对象等。

单击确定就进入了"在位编辑外部参照"的状态。如果尚未打开"参照编辑"工具栏，则会同时显示该工具栏。

必须通过单击工具栏上的"保存参照编辑"或"关闭参照"按钮退出编辑。参照编辑保存后也会使参照文件更新。

图 7-24 "参照编辑"对话框

7.7   AutoCAD 设计中心

AutoCAD 设计中心（DesignCenter）是共享图形和图形中的命名内容，包括块、外部参照、各类样式、图层定义、图案填充等内容的直观、高效的工具。使用设计中心可以：

- 实现对本地计算机、局域网、网页上的 AutoCAD 图形文件任何内容的访问。
- 按指定的图层名、块名、保存日期或其他方式在本地或网络硬盘驱动器上查找内容。
- 将源图形的任何命名内容插入到当前图形中或者拖到工具选项板上备用。
- 在同时打开的几个图形文件之间复制、粘贴这些内容。
- 创建指向常用图形、文件夹和网址的快捷方式。

7.7.1   打开“设计中心”窗口

用以下方法打开 AutoCAD 设计中心：

❑ 菜单栏：【工具➜设计中心(G)】
❑ “标准”工具栏： 按钮
❑ 命令行：ADCENTER↵（快捷键[Ctrl+2]）

浮动的“设计中心”窗口如图 7-25 所示，也可以使窗口靠一边固定。单击其标题栏底部的箭头可以将该窗口卷起，当光标移到已卷起的标题栏时，窗口被展开。

“设计中心”窗口的左边是树状图，右边是包含预览和说明窗口的内容区。

“设计中心”窗口由四个选项卡组成：

- **文件夹**：显示本地和网络硬盘的文件夹和文件的层次结构。

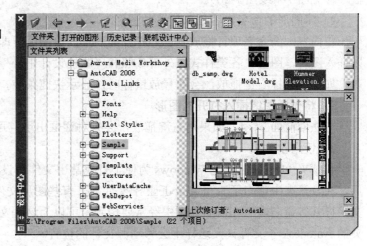

图 7-25 “设计中心”窗口

- **打开的图形**：显示当前打开的图形文件的列表。
- **历史纪录**：显示设计中心最近打开过的文件。
- **联机设计中心**：通过 Autodesk 公司的“联机设计中心”可以访问大量的符号图形、制造商信息及相关网址。

7.7.2   使用设计中心

单击树状图中文件名前的加号，即显示文件的命名内容，包括图块、外部参照、各类样式等。单击一个项目，它的内容就加入右边内容区。可以对所选内容进行操作。

1．**打开图形**

从设计中心打开一个图形有两种方法：

- 在内容区的文件图标上右击，然后在快捷菜单上选择在应用程序窗口中打开。
- 将要打开的图形文件的图标拖放到绘图区。

2．查找内容

单击"设计中心"窗口顶部的"搜索"按钮  ，打开"搜索"对话框，可以指定要查找内容的类型、搜索路径、修改时间和其他搜索参数进行搜索。

可以将搜索结果拖放到内容区，也可以右击搜索结果，在快捷菜单上选择加载到内容区中。

3．将图形文件作为块或外部参照插入打开的图形

- 将内容区的图形文件直接拖放到当前打开的图形上，即作为块插入。释放鼠标后，命令行提示按照所选图形与当前图形的单位比例自动缩放的比例，并且要求指定插入点、指定插入比例、旋转角度等。

- 用鼠标右键将内容区的图形文件拖放到当前打开的图形上，释放鼠标后，显示快捷菜单如图 7-26 所示，从中选择插入为块或附着为参照，然后会进一步打开"插入"对话框或"外部参照"对话框（参见图 7-4 或图 7-20）。

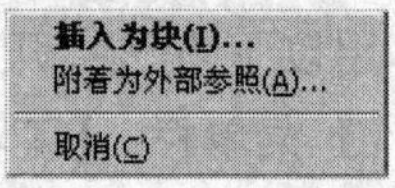

图 7-26　将图形插入时的快捷菜单

4．将图形的命名内容插入打开的图形

将内容区的命名项目拖放到已经打开的图形的绘图区，即将其插入图形。用这个方法可以插入图块、图层、各类样式、外部参照和"联机设计中心"上的内容。

如果用鼠标右键拖放，会在释放鼠标时，显示快捷菜单，可作更多选择。

5．将光栅图像插入打开的图形

方法同前面 3、4。如果用右键拖放，会有对话框出现，可作较多设置。

6．使用收藏夹

收藏夹（Favorites）是 Windows 为便于查找常用文件而设的专用文件夹。安装 AutoCAD 后，在收藏夹中就多了一个 Autodesk 子文件夹。有些图形文件所带的图块、层、标注样式、文字样式等命名内容在以后绘图中经常要用到，可以为这些文件创建快捷方式，并放入收藏夹的 Autodesk 子文件夹，这样不会移动源文件的位置。

在树状图中右击需要收藏的文件，在弹出的快捷菜单中选择添加到收藏夹，该文件的快捷方式便收入了收藏夹。

在内容区的内容上右击，出现快捷菜单，除了复制外，视内容类型不同会有更多的操作选项。

7.8　工具选项板

"工具选项板"是包含图案填充、图块和绘图命令的有多个选项板组成的窗口。在上面可以放置带图标的常用内容，因此使用方便。最主要的特点是，使用工具选项板创建的对象，其特性与原始工具的特性相同。

7.8.1　打开"工具选项板"窗口

用以下方法打开"工具选项板"：

❑ 菜单栏：【工具➡工具选项板窗口】

❑ "标准"工具栏：![按钮] 按钮

❑ 命令行：TOOLPALETTES↵（快捷键[Ctrl+3]）

AutoCAD 提供的预置工具选项板已带有机械、建筑等行业使用的一些样例图块、图案填充等，如图 7-27 所示。"工具选项板"与讨论过的"设计中心"、"特性"等窗口一样可以浮动，也可以靠边固定。还可以单击其标题栏底部的箭头将窗口卷起或展开。

图 7-27　工具选项板

7.8.2　向工具选项板添加内容

工具选项板按照项目内容分类组织。在工具选项板上右击，在快捷菜单上可以选择"新建/删除/重命名选项板"等。例如可以在窗口中新建一个用户自定义的选项卡。

可以通过将对象从图形拖放到工具选项板的当前的选项卡上来添加项目，添加的项目称为"工具"。

可以拖至工具选项用以创建工具的对象可以是几何对象（直线、圆、多段线等）、尺寸标注、块、外部参照、图案填充等。

将几何对象或标注拖至工具选项板后，会自动创建带有一组弹出工具的新工具，如图 7-28 所示。单击工具图标右侧的箭头可以弹出整组工具。

图 7-28　弹出工具

7.8.3　使用工具选项板、设置工具特性

使用选项板上的工具创建的对象，其特性（图层、颜色、线型、线宽等）与工具选项板上原始工具的特性相同。使用选项板上的标注工具创建的标注对象还与原始工具的标注样式相同。

如果将块或外部参照拖至工具选项板，将创建具有图标的新工具，使用它将在图形中插入一个具有相同特性的块或外部参照。

将选项板上的块或参照插入图形可以采用直接拖放到指定点的方法，这样操作在命令行不会出现提示，将按默认设置插入。

还可以采用单击工具的方法。这时命令行提示：

指定插入点或[基点(B)/比例(S)/X/Y/Z/旋转(R)/预览比例(PS)/PX/PY/PZ/预览旋转(PR)]：。

虽然有多个选择项，但是实际上只提供一次选择。如果插入时要作多项设置，例如要对插入块的方向和比例都作改动，则必须首先右击该工具，在快捷菜单上选择特性(R)，打开"工具特性"对话框进行设置，如图 7-29 所示该对话框中包含两类特性：

图 7-29　设置工具特性

• "插入"特性或"图案"特性：例如比例、旋转和角度。

• 基本特性：例如图层、颜色和线型。

对话框中的设置将改变选项板上工具的特性。然后再单击工具，再指定插入点。

7.8.4　用设计中心为工具选项板添加内容

可以将设计中心中的图形块或填充图案添加到当前的工具选项板中。

- 从设计中心的内容区，将项目拖放到工具选项板的当前选项卡上。
- 从设计中心树状图中，右击含有图块的文件，从快捷菜单中选择创建工具选项板。

7.9　样板文件和 AutoCAD 标准

7.9.1　创建样板文件

"样板文件"是新建绘图文件的起始图形。在样板中，可以定义图层、设置图幅、单位、文本样式、标注样式、布局等，也可以在样板中绘制图框、标题栏。使用合适的样板作为新文件的开始，可以避免每次绘图都作繁琐、相同的设置工作。

AutoCAD 提供了许多样板文件，文件扩展名是"dwt"。简体中文版还提供了带有中文标题栏、特定的标注样式等内容的样板文件（这些样板文件名都冠以"Gb_"）。虽然它们与"机械制图"国家标准比较接近，但用户还是有必要创建更符合行业、部门的样板。

以下以建立一个 A3 幅面的样板文件为例，介绍大致过程。

⑴ 以"acadiso.dwt"样板文件为新图形起始

该样板默认的图幅是 420×297，又是基于 ISO（国际标准）的，因此对单位、角度、图幅等设置可以不必改动。

⑵ 定义图层

用第 3 章介绍的方法和步骤建立若干新图层。各图层特性设置可以参照第 3 章练习题的要求。

⑶ 新建文字样式

视需要创建一个或几个文字样式。例如 6.2.7 节的示例，新建名为"Dim"的文字样式，数字和拉丁字母采用"gbeitc.shx"（斜体），同时使用大字体文件"gbcbig.shx"用于中文。既可以用作标注，又可用作一般注释。如果数字和拉丁字母要用正体字，可以选用"gbenor.shx"字体，或另建一个使用该字体的文字样式。

⑷ 新建标注样式

参见 6.2.7 节的示例，创建名为"USER-35"，符合《机械制图》国家标准的标注样式。

⑸ 绘制图框、标题栏等

在 Tit 层，绘制 A3 图纸边界线，按国家标准绘和行业标准绘制标题栏和图框（或者参见第 4 章练习题 14、15 的尺寸，绘制图框和简易标题栏）。也可将标题栏定义成图块，以便在建立其它样板或图形时通过设计中心再调用。

在第 9 章，学习了有关"布局"和"图纸空间"的知识后，可以将标题栏等属于图纸上的内容放置在图纸空间，应用到样板文件中。

⑹ 保存为样板文件

菜单栏【文件➔另存为(A)】，打开"文件另存为"对话框。在保存类型下拉框中，选择"AutoCAD 图形样板(*.dwt)"。保存的路径和文件夹将自动设为默认的（菜单栏【工具➔选项】➔"选项"对话框➔文件选项卡➔样板设置，可以改变默认设置）。输入样板名"User-A3"。单击保存，在随之出现的"样板说明"对话框中输入说明文字（也可以不输入），单击确定。

　　AutoCAD 简体中文版提供的"Gb_xxxx"各样板文件，所带中文标题栏和图框，都是创建在图纸空间的带有属性的块（有关"图纸空间"的内容参见 9.2 节的讨论）。

7.9.2　AutoCAD 标准

　　在合作环境下，为维护图形文件的一致性，很有必要创建一种标准。所谓"标准"是图形文件包含的命名内容，至少包括以下四项：

- 图层定义
- 标注样式
- 文字样式
- 线型

1．创建标准文件

　　通常将一个定为标准内容的样板文件（＊.dwt）另保存为"标准文件"（＊.dws）。以后就可以将图形文件同标准文件关联起来，以核查图形，确保它们符合标准。

2．将图形与标准文件关联

　　用户绘制图形可以由一个样板文件开始，也有可能是从已有图形（.dwg）开始。为了核查图形，以确保它符合其标准，首先指定一个标准文件与图形相关联。

　　❑　菜单栏：【工具➔标准➔配置(C)】

　　❑　"CAD 标准"工具栏： 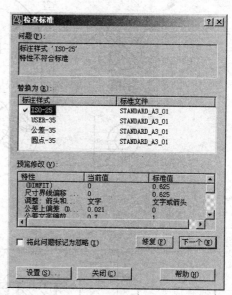 按钮

　　打开"标准配置"对话框。单击"添加标准文件"按钮（图标为"＋"），选择标准文件。单击确定。底部状态栏右端显示"关联标准文件"按钮。当前图形已与标准文件关联。

3．检查图形是否与标准冲突

　　❑　菜单栏：【工具➔标准➔检查(K)】

　　❑　"CAD 标准"工具栏： 按钮

　　❑　状态栏"关联标准文件"按钮

　　❑　"标准配置"对话框检查按钮

　　打开"检查标准"对话框，报告所有非标准对象并给出建议的修复方法。可以选择修复或忽略报告的每个标准冲突，如图 7-30 所示。

　　在整个图形核查完毕后，将显示"检查完成"消息。总结在图形中发现的标准冲突，还显示自动修复的冲突、手动修复的冲突和被忽略的冲突。

图 7-30　检查标准

思 考 题

1. 块主要应用于什么场合？块插入的比例因子可以是负值吗？

2. 为什么要"写块"？如何将一般的图形文件作为块插入当前图形？插入时基点在图形的何处？

3. 什么是块的属性？如何定义带属性的块？

4. 将 0 层对象创建为块，与其他图层对象组建的块有什么不同？

5. 组成块的源对象，其颜色、线型、线宽等特性用"ByLayer"和"ByBlock"有什么不同？

6. 编组与块有什么相同和不同处？

7. 外部参照与块有什么相同和不同处？

8. 使用设计中心主要可以作哪些操作？如果不使用设计中心可以完成同样的目的吗？除了直观、方便，使用工具选项板来创建对象还有什么特点？

练 习 题

在题(1)、(2)中，绘制图形，将螺钉头定义成块，插入图形，然后重新定义块，改成右边图形。

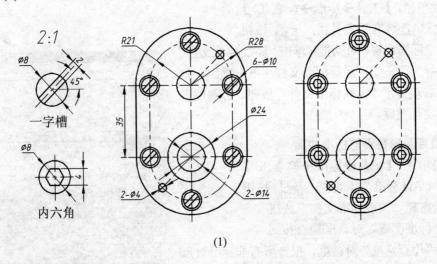

(1)

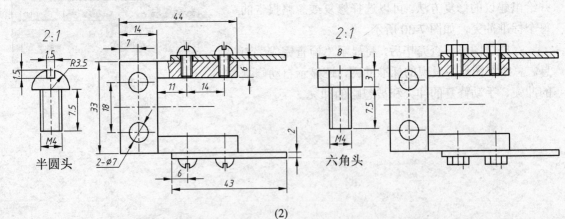

(2)

(3) 绘制基本电子元件符号，将它们设置成块，插入图形中，用直线连接成电路图。

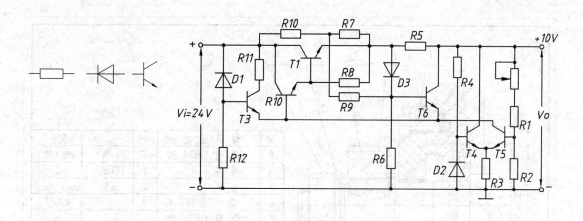

(4) 分别绘制以下零件图和第 6 章练习题 5 的齿轮零件图，并保存，然后在拼画装配图时，将它们作为块插入图形。插入后要判别可见性，进行修改编辑。

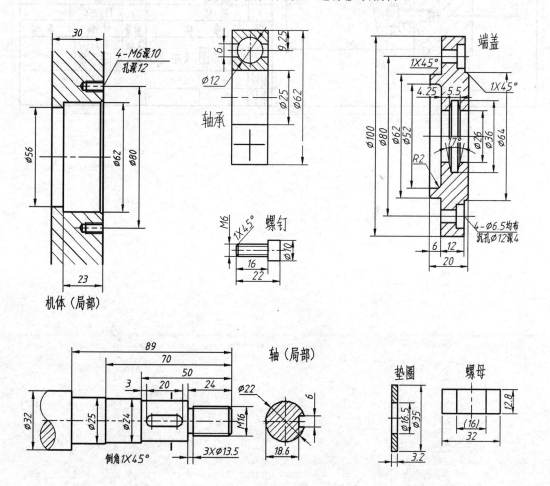

拼画装配图：

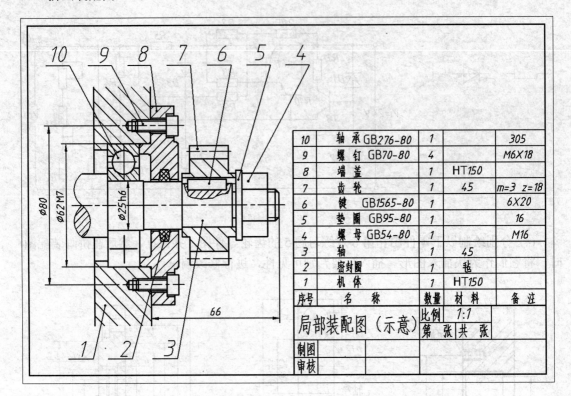

10	轴承 GB276-80	1		305
9	螺钉 GB70-80	4		M6X18
8	端盖	1	HT150	
7	齿轮	1	45	m=3 z=18
6	键 GB1565-80	1		6X20
5	垫圈 GB95-80	1		16
4	螺母 GB54-80	1		M16
3	轴	1	45	
2	密封圈	1	毡	
1	机体	1	HT150	
序号	名 称	数量	材料	备注

局部装配图（示意）   比例 1:1   第 张共 张

制图
审核

第 8 章　绘制轴测图

　　轴测图能同时反映物体的正面、顶面和侧面的形状，因此具有立体感，工程上常采用轴测图辅助看图。轴测投影有多种分类，其中又以"正等测"用得较多。AutoCAD 提供了正等测绘图模式。但是轴测图不是三维图形，它只是模拟从特定视点观察到的三维图形。绘制轴测图仍然属于二维绘图。

8.1　正等测图绘图模式

　　转换到的正等测绘图模式，必须打开"草图设置"对话框。
- 菜单栏【工具➜草图设置(F)】
- 右击状态栏：栅格➜设置(S)

　　"草图设置"对话框的"捕捉和栅格"选项卡如图 8-1 所示。在"捕捉类型和样式"区域的"栅格捕捉"栏，选择"等轴测捕捉"，单击确定，栅格的排列就从默认的矩形（水平、垂直方向）转换到"等轴测"（30°、150°、90° 方向）。栅格排列的方向与正等测轴的方向一致，如图 8-2 所示。

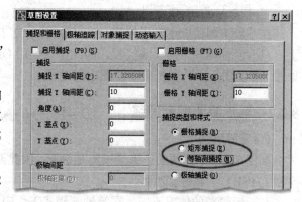

图 8-1　转换到正等轴测模式

　　每两轴组成的平面就是正等测面，它们分别是左轴侧面、右轴侧面和上轴侧面。

　　在等测绘图模式下，按[F5]键（或者[Ctrl+E]），可以在三个等轴测面之间切换，同时命令行提示当前处于哪一个等轴测面。构成光标十字的两条直线，与当前轴测面的两条轴平行，提示了当前所处的轴测面。

8.2　正等测图的基本画法

　　画正等测图总是在某一个等轴测面上进行的。例如先在上轴测面画图，然后切换到左轴测面画另一侧，接着到右轴测面画其余部分。

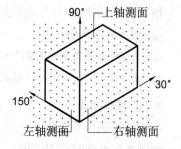

图 8-2　等轴测模式下的栅格

8.2.1　画直线

　　在轴测图上，只有平行于轴测轴的长度反映实长。又由于在等轴测模式下，正交方向就是当前轴测面的轴的方向（即光标十字线的方向）。因此，用正交方式绘制直线是画轴测图的最基本方法。倾斜于轴测轴的直线一般用对象捕捉的方法指定直线端点的位置。

　　【例 1】绘制如图 8-4 所示立体的正等测图。

在等轴测模式下，先在左轴测面画图。开启正交绘图模式，参照图中尺寸和各点的顺序 a、b、c、…，用 LINE 命令绘制左侧平面图形。

然后切换到上轴测面绘制顶面图形，最后到右轴测面画图。用捕捉端点的方法连接斜线 i、f 和 j、e。

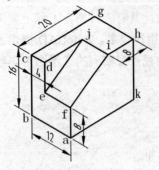

图 8-3　绘制等轴测图

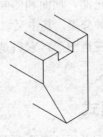
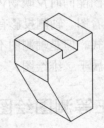

图 8-4　用 COPY 命令画平行的直线

在一般绘图情况下常用偏移命令（OFFSET）指定间距复制平行直线，但是在等轴测图上，只有沿轴测轴方向反映实长，因此不宜使用 OFFSET，而用 COPY 命令复制平行直线。如图 8-4 左图所示的轴测图的绘图中间过程。

8.2.2　画正等测圆和圆弧

1．正等测圆

如图 8-5 所示，圆的正等测投影是椭圆，因此要用椭圆命令（ELLIPSE）绘制等轴测圆。

与一般绘图的情况不同，在等轴测模式下，ELLIPSE 命令提示中会出现"正等测圆(I)"选择项：

指定椭圆轴的端点或[圆弧(A)/中心点(C)/等轴测圆(I)]：

指定"正等测圆(I)"项后的下一步提示与选项：

指定等轴测圆的圆心：

指定等轴测圆的半径或 [直径(D)]：

AutoCAD 将根据当前的等轴侧面自动确定椭圆的长轴和短轴方向。

图 8-5　绘制等轴测圆

2．正等测圆角

在等轴测图中绘制圆角，可以先用椭圆命令画正等测圆，然后再用 TRIM 命令修剪的方法，如图 8-6 示例的绘图过程。

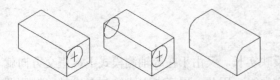

图 8-6　绘制圆角的等轴测

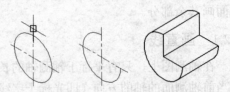

图 8-7　绘制圆弧的等轴测

3．正等测圆弧

正等测图中的圆弧呈现为椭圆弧。可以使用 ELLIPSE 命令的"圆弧(A)"、"等轴测圆(I)"、"参数(P)"等选项进行绘制。

【例2】绘制左轴测面上 90° 到 360° 的圆弧段。

绘制过程参见图 8-7。

指定椭圆轴的端点或 [圆弧(A)/中心点(C)/等轴测圆(I)]：a ↵   选择画圆弧

指定椭圆弧的轴端点或 [中心点(C)/等轴测圆(I)]：i ↵   指定画等轴测圆

指定等轴测圆的圆心：   指定圆心

指定等轴测圆的半径或 [直径(D)]：15 ↵   输入等轴测圆的半径

指定起始角度或 [参数(P)]：   用捕捉中心线端点的方法指示圆弧起始方向（图 8-7 左图）

指定终止角度或 [参数(P)/包含角度(I)]：p ↵   选择"参数"模式

指定终止参数或 [角度(A)/包含角度(I)]：i ↵   选择包含角选项

指定弧的包含角度   270 ↵   指定包含角为 270°

有关"参数（P）"选项的意义，参见 4.10.2 的讨论。上面的示例中，如果指定包含角为 270° 时不使用"参数（P）"选项，得到的椭圆弧就会如图 8-8 所示。测量其角度虽然是 270°，但是在正等测图中，看上去完全不符合四分之三的圆周。

图 8-8 不使用"参数"选项的结果

8.3 在正等测图中标注

8.3.1 在正等测图中注释文字

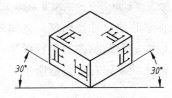

图 8-9 轴侧面上的文字

观察图 8-9 可以看出，为了使文字看上去像是写在轴测面上，在正等测图上注释的文字要倾斜 30° 或-30°，文字方向也要旋转 30°、-30° 或 90°。各轴测面上文字的倾斜角以及文字方向旋转角应遵循：

- **左轴测面**：文字倾斜角为-30°，文字旋转角也为-30°，或者文字倾斜角为 30°，文字旋转角为 90°。
- **右轴测面**：文字倾斜角 30°，文字旋转角也为 30°。
- **上轴测面**：文字倾斜角为 30°，文字旋转角为-30°，或者文字倾斜角-30°，文字行旋转角为 30°。

文字倾斜是文字样式设置的内容之一，参见第 5 章的图 5-13"文字样式"对话框。

在注释文字前可以先新建两个文字样式，分别设置文字倾斜为 30° 和-30°，以备选用。也可以先输入文字，然后选择文字对象，用"特性"选项板改变文字的倾斜角和文字旋转角，如图 8-10 所示。

8.3.2 在正等测图中标注尺寸

应该使等轴测图上标注的尺寸看上去与所在的轴测面平行，即尺寸界线的方向与轴测轴方向要平行，如图 8-11 右边所示。

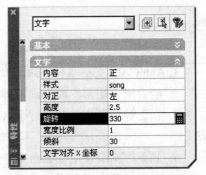

图 8-10 用"特性"选项板修改文字倾斜角和旋转角

标注中的文字与刚才讨论注释文字的情况是相同的，先创建倾斜角为 30º 和-30º 的两种文字样式，再新建两种分别使用这两种文字样式的尺寸标注样式。根据需要指定一种为当前样式（在本例中，只需要倾斜 30º 的文字）。

在等轴测图上标注尺寸一律改用"对齐"标注（"标注"工具栏 按钮）。最初结果可能如图 8-11 左图。标注后再用 DIMEDIT 命令（"标注"工具栏 A 按钮，或者菜单栏【标注→编辑标注】），该命令的"倾斜"选项，用于对尺寸界线进行倾斜修改，修改时输入的倾斜角度是指倾斜后的方向角。

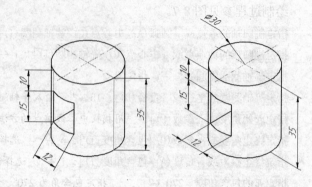

图 8-11   在轴侧面上标注尺寸

【例3】对图 8-11 等轴测图左图中的尺寸标注进行修改。

左边是使用"对齐"标注的结果。本例只需要倾斜 30º 的文字，调用 DIMEDIT 命令。先修改尺寸"12"：

输入标注编辑类型 ［默认(H)/新建(N)/旋转(R)/倾斜(O)］〈默认〉：o↵   选择"倾斜"选项

选择对象： 选择尺寸"12"

找到 1 个 ，选择对象：↵

输入倾斜角度（按 ENTER 表示无）：30 ↵   尺寸界线应处于 30º 方向

再对其他尺寸作调整。例如对尺寸"10"、"15"、"35"输入的倾斜角都为-30º。顶面的等轴测圆的直径标注"ø30"，只能用"引线"进行手工标注。

最后结果如右边图形所示。

思 考 题

1. AutoCAD 支持哪种轴测图？如何在一般绘图模式和正等测绘图模式之间切换？
2. 能否用"矩形"命令画正等测矩形？
3. 在正等测图中绘制平行于 X 轴测轴的直线能否用类似"@10<0"指定相对坐标点的方法？
4. 画正等测圆使用什么命令？
5. 在正等测面上中写字和标注尺寸有什么特点？

练 习 题

绘制轴测图：

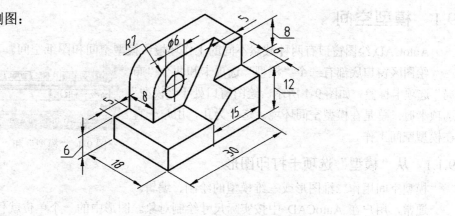

(1)

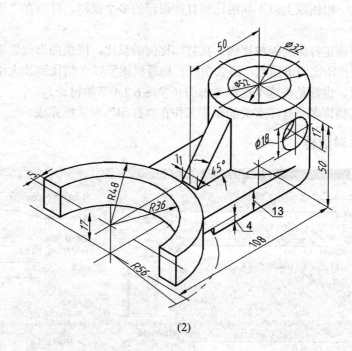

(2)

第 9 章   模型空间、布局和打印出图

9.1   模型空间

AutoCAD 绘图窗口有两种截然不同的工作环境：模型空间和图纸空间。

绘图区窗口底部有一个"模型"选项卡和两个"布局"选项卡标签，如图 9-1 所示。绘图窗口处于"模型"选项卡时，总是在模型空间环境。迄今为止，用户一直在模型空间工作。

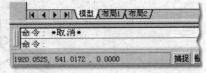

图 9-1 "模型"和"布局"选项卡

9.1.1   从"模型"选项卡打印图形

模型空间用作二维图形或三维模型的绘制、编辑。

通常，用户在 AutoCAD 中按实际尺寸绘制对象。图形中的一个单位就代表一个测量单位。譬如，机械工程上以毫米作为默认的测量单位，一个长度为 1000mm 的轴，在图上就按 1000 个单位绘制。

如果不需要在一幅图纸上以不同的比例打印图形的多个视图，可以在"模型"选项卡上直接打印出图。

打印之前先要确定打印的缩放比例。按打印比例的反比，围绕图形放置图框和标题栏。例如要按照 1:2 的打印比例出图纸，那么图框、标题栏就要以 2 倍比例放大绘制。标注尺寸和其他文字注释时，也都是按这个比例考虑的（参见 6.2.4 节的讨论）。

打印比例和其他许多与打印有关的配置工作在"打印"对话框完成。

9.1.2   "打印"对话框

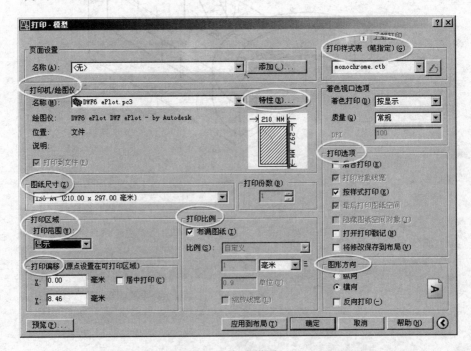

图 9-2 打印设置

通过"打印"对话框指定打印设备，进行介质、打印区域等设置并打印图形，如图 9-2 所示。

❏ 菜单栏【文件➜打印(P)】

❏ "标准"工具栏：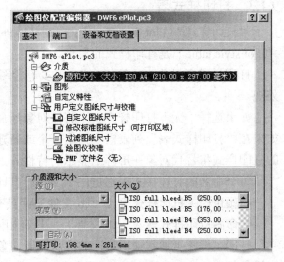 按钮

❏ 命令行：PLOT↵（快捷键：[Ctrl+P]）

1．打印机/绘图仪

该区域显示当前配置的打印设备、连接端口等。

● "名称"列表框：显示可用打印机的 配置文件清单。指定一个 pc3 文件，也就是 选择了一个打印设备。

● "特性"按钮：显示"绘图仪配置编 辑器"对话框，如图 9-3 所示。从中对当前 打印设备的配置、端口、打印介质等进行查 看、修改。不同设备设置内容会有所不同。

2．图纸尺寸

显示当前打印设备可用的图纸尺寸。从 中选择一项。

3．打印区域

图 9-3 "绘图仪配置编辑器"对话框

在"打印范围"列表框中显示了打印机 实际打印的图形范围。在模型空间下，有下 列内容供选择：

● 窗口：选择此项会显示 窗口< 按钮，单击之，回到绘图区，以指定要打印的区域。

● 范围：打印所有图形并布满图纸的可打印区。

● 图形界限：打印所设置的图限范围。

● 显示：打印当前屏幕上显示的图形范围。

4．打印偏移

打印原点在打印区域左下角。指定打印偏移正负值，可以相对图纸左下角移动图形位置 进行打印。

5．打印比例

控制打印比例。从"模型"选项卡打印时，默认设置为"布满图纸"，将根据图纸尺寸 进行缩放打印，这适合于打印草图。

6．打印样式表

如果对话框的右边找不到该选项栏目，单击右下角的"更多选项"箭头按钮。

有关内容见 9.1.3 节讨论。

7．打印选项

● 打印对象线宽：可以指定是否按对象和图层的线宽特性打印。

● 按打印样式：在指定打印样式表后，还要勾选此项才会按打印样式表打印图形。指定 "按打印样式"后，自动取消"打印对象线宽"。

8．图形方向

可以按照图纸来确定图形的打印方向。

设置完毕，单击 确定 按钮就进行打印。

也可以在打印之前作以上设置：菜单栏【文件➜页面设置管理器(G)】（PAGESETUP 命令），在打开的"页面设置管理器"对话框的页面设置列表中指定"模型"，然后单击 修改 按钮，打开"页面设置"对话框。该对话框与"打印"对话框的界面和内容几乎完全相同。

9.1.3 打印样式表

"打印样式"（Plot Style），用于控制打印外观，包括线宽、颜色和线型等。"打印样式表"（Plot style table）是打印样式的集合。

打印样式表又称为"笔指定"，用多笔绘图仪输出图纸时，所指定的绘图笔决定了线条外观。

如果选择"无"打印样式表，将按对象所属图层或对象的线宽、颜色和线型打印图形。如果在"打印样式表"列表框中指定一个或新建一个打印样式表并应用，打印样式表中设置的打印样式将替代对象在屏幕上显示的特性。

每个命名的打印样式表都是一个文件。打印样式表分为两类：

- **颜色相关打印样式表**（.ctb 文件）：具有相同颜色的对象以相同的方式打印。
- **命名打印样式表**（.stb 文件）：具有相同颜色的对象可以用不同的方式打印。

打印工程图纸通常采用这样的方法：以对象的颜色指定打印线宽，并且图形中所有对象用黑色打印。

因此通常使用"颜色相关打印样式表"，可以在列表框中选择一个预定义的.ctb 文件，然后再根据打印要求作较少的修改。

可以选择"Monochrome.ctb"，该打印样式表已设置打印时将所有颜色打印成黑色。

单击列表框右边  "编辑"按钮，打开"打印样式表编辑器"对话框，如图 9-4 所示。在"格式视图"选项卡，左边"打印样式"列表框中的任何颜色，在右边"特性"区可以看到其颜色已经被设为黑色。

如果要求图形中白/黑色对象的打印宽度为 0.5，其余颜色的打印宽度都是 0.2，只要在左边选择 7 号色（白/黑色），然后在右边"线宽(W)"下拉框中将默认的"使用对象线宽"改为"0.5"。然后为其他颜色指定线宽"0.2"。

图 9-4 "打印样式表编辑器"对话框

一个图形文件不能同时使用.ctb 和.stb 打印样式表。实际上，新建文件时就已经确定了使用哪一类打印样式表。新图形总是基于一个样板文件（.dwt）的，AutoCAD 提供的样板，其文件名中凡是有"Named Plot Styles"字样的就是可以使用"命名打印样式表"（.stb），否则就只能用"颜色相关打印样式表"（.ctb）。

如果当前图形只能使用"颜色相关打印样式表"，菜单栏【格式➜打印样式】，和"对象特性"工具栏上最后一个列表框"打印样式控制"呈灰色不能选择。

9.2 布局

在图纸空间，用户可以在一幅图纸上创建图形的一个或多个不同的视图，这些视图称为"视口"（Viewports）。用户在"布局"选项卡的图纸空间里布置视口，并配置打印设置，因此称为"布局"（Layout）。布局代表打印的图纸页面。

多视口的布局在三维图形的打印出图时是十分有用的。即使是二维图形，图纸上有时也可能需要建多个视口以表现图形的不同部分。不同视口的图形可以被分配不同的显示比例，这样就可以在不改动原图形的情况下显示图形的局部细节。

9.2.1 从模型空间转换到图纸空间

选择绘图窗口底部的一个"布局"标签，就转换到图纸空间的这个布局中。

进入图纸空间后，状态栏最右边按钮从"模型"变成"图纸"，绘图区左下角的三轴架式的 UCS 图标被三角形的图纸空间的 UCS 图标替代。

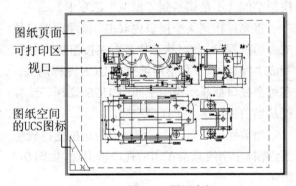

图纸页面
可打印区
视口

图纸空间的UCS图标

图 9-5   图纸空间

绘图区看上去像一幅图纸，其大小就是当前打印设备使用的图纸尺寸。虚线矩形代表了图纸的可打印区域。

如果要改变当前布局的页面尺寸，必须进行页面设置，参见 9.2.3 节的讨论。

默认设置下，布局中已建有单一视口，如图 9-5 所示。模型空间创建的对象在视口内展现。

9.2.2 布局与视口

在布局中布置视口，绘制（或插入）标题栏，进行打印设置是在布局中要进行的主要工作。打印设置工作在"页面设置"对话框或"打印"对话框中进行，与前面讨论过的模型空间环境的打印设置相似。

1. 创建浮动视口

模型空间和图纸空间是两个不同的工作环境，在图纸空间不能直接观察到在模型空间绘制的对象。同理，选择"模型"选项卡返回模型空间后，也不能看

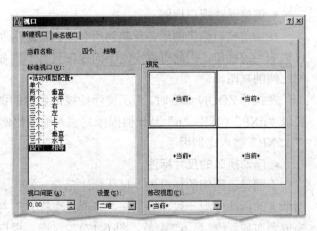

图 9-6   新建视口

到图纸空间里的对象（如在布局中画的标题栏）。必须在图纸空间创建视口，通过视口才能观察模型空间的对象。

一个布局中可创建多个视口，视口可放置在布局的任何位置，所以图纸空间的视口称为"浮动视口"。

浮动视口本身也是对象，具有图层、颜色等对象特性。可以在布局中对视口进行移动、缩放、复制、删除等操作。用夹点对已建视口的大小进行调整也很方便。浮动视口之间可以是分离的，也可以相互重叠。

布局中可建多个视口。创建视口的命令是"VPORTS"，菜单栏【视图➜视口➜新建视口】，打开"视口"对话框，如图 9-6 所示。在列表中选择一种视口配置，单击确定，然后在布局中通过指定对角点创建新视口。

三维建模的场合，使用布局和浮动视口的意义更大。通过多个视口，可以得到三维模型的多面视图。AuoCAD 还提供了其他创建视口的命令。有关内容参见 14 章的讨论。

2．从浮动视口进入模型空间

在布局中编辑模型空间创建的对象，或要调整一个视口的视图，就必须从这个浮动视口进入模型空间（不是切换到"模型"选项卡）。

将光标移到某个视口内双击，该浮动视口便成为当前视口。此时状态栏最右端按钮从"图纸"变成"模型"。三角形图纸空间 UCS 图标消失，在每个视口都显示模型空间的 UCS 图标。这样就从当前视口进入了模型空间。

当前视口只有一个，该视口的边框变得较粗黑。光标十字线只会在当前视口里出现，如图 9-7 所示。

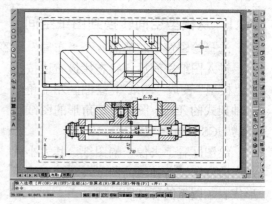

图 9-7　当前浮动视口

在视口以外的页面上双击，或单击状态栏最右端按钮"模型"，使之切换到"图纸"，就从浮动视口的模型空间返回图纸空间。

3．在浮动视口中编辑

● 调整浮动视口比例

在当前视口编辑图形会反映到所有视口。但是"ZOOM、"PAN"等控制视图显示的命令仅影响当前视口。因此可以实现不同视口具有不同显示比例，即在一张图纸上可以有多个不同比例的视图。

在执行 ZOON 命令时，为了使浮动视口显示的图形按照布局（即图纸）的比例进行缩放，要以"nXP"（其中"n"是比例因子）输入缩放比例。例如要用 1:2 的比例缩放视图，就以"0.5XP"输入比例因子。

● 浮动视口的尺寸标注

不同显示比例的视口内，尺寸标注元素（箭头、文字等）的外观尺寸也不同。为使整幅图纸上的标注外观一致，必须在"修改标注样式"对话框的"调整"选项卡中勾选"将标注缩放到布局"（参见 6.2.4 节，图 6-17）。这样，视口中的尺寸元素将自动按照该视口显示缩放比例（nXP）的倒数作为比例因子进行标注，于是各视口标注元素的外观大小得以统一。

- .浮动视口的线型比例

在同一幅图纸上，无论各视图的比例是否相同，都要求非连续线（虚线、点划线等）的点划、间距的大小一致。系统变量"PSLTSCALE"的值为 1 时（默认值），所有视口的线型均按照原来定义的线型比例显示。

- 在浮动视口中控制图层

用户可以把不想在所有视口都显示的对象（如其中一个视图上的标注和注释），创建在另外的层上。进入布局后，"图层特性管理器"对话框中，层的可见性就增加了"冻结当前视口"和"冻结新视口"两项。通过在浮动视口选择性地冻结图层，可以控制各浮动视口的显示内容。

- 不显示浮动视口的边框

通常不需要打印出视口的边框。只要将视口创建在特定的层上，设置该层为"不打印"既可。

- 创建非矩形视口

菜单栏【视图➔视口➔对象(O)】可以指定在图纸空间中绘制的封闭对象。例如对象是一个圆，该圆将视口剪切成圆形。

4．在布局中放置标题栏

虽然也可以像一般图样一样，将标题栏、图框等放在模型空间里绘制，但标题栏不是图形或模型的组成部分，它属于图纸的内容，因此通常的做法是在布局中放置标题栏，甚至可以将视图的注释和标注也放在布局中。这样，两个工作环境分工明确。在布局中放置或绘制标题栏时，无须考虑其比例。在模型空间绘制二维或三维图形。由于不显示图纸空间的图框和标题栏，模型空间的视图更简洁。

AutoCAD 提供的带有标题栏的样板文件中，标题栏都属于图纸空间。

5．删除、重命名布局，创建新布局

- 右击某个"布局"选项卡的标签，在布局快捷菜单上有多条选项，包括删除、重命名等。

用户可以根据需要创建任意多个布局。各布局可以有不同的视图安排，设置不同的图纸尺寸，甚至不同的打印设备输出。每个布局都保存在自己的布局选项卡中。AutoCAD 已提供两个布局：布局 1 和布局 2。可以通过多种方法创建新布局：

- 布局快捷菜单：新建布局(N)。
- 菜单栏【插入➔布局➔新建布局(N)】，或者【工具➔向导➔创建布局(C)】。

9.2.3　页面设置

在布局中的一项重要工作，就是打印设置，包括指定打印设备、图纸尺寸、打印方向、缩放比例、打印区域、打印原点等。这些设置一般在"页面设置"对话框进行。这是为打印作准备的重要对话框，设置好的页面被保存到布局。

菜单栏【文件➔页面设置管理器(G)】，或者右击当前选项卡布局标签，在布局快捷菜单上选页面设置管理器(G)。然后从"页面设置管理器"对话框的列表中选择一个页面名，单击修改(M)按钮，即打开"页面设置"对话框。

"页面设置"是为打印作准备，所以与"模型"选项卡下的"打印"对话框从形式到内容大致相同。有关"打印"对话框的内容，已在 9.1.2 节讨论。下面仅讨论其中不同的部分。

• **图纸尺寸**：在列表框中显示的就是当前布局的页面大小，如图 9-8 所示。还列出当前打印设备可用的所有图纸尺寸。从中选择一项后，将改变当前布局的尺寸。

• **打印范围**：如图 9-9 所示，在打印布局时，如选择"布局"将打印整幅图纸范围。

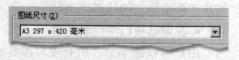

图 9-8 当前布局的尺寸

• **打印比例**：如图 9-10 所示，在打印布局时，多了一个"缩放线宽"选项。如果勾选，图形中的线宽也按照打印比例缩放，否则线宽保持不变。

• **打印选项**：如图 9-11 所示，在打印布局时，多了一个控制打印顺序的选项以及控制是否打印图纸空间对象的选项。

  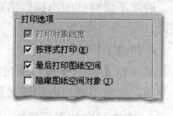

模型空间的   布局中的

图 9-9 打印范围   图 9-10 缩放打印线宽图   9-11 控制打印顺序

9.2.4 从"布局"选项卡打印图形

从布局中打印与从模型空间打印图形的命令同为"PLOT"（参见 9.1.2 节的讨论）。该命令打开"打印"对话框。它与"页面设置"也很相似。

在左上角的"页面设置"区，从名称列表中选择一个页面设置进行打印，如图 9-12 所示。

图 9-12 指定一个页面设置进行打印

也可以在"打印"对话框中单独修改设置。还可以在"打印选项"区域，选择"将修改保存到布局"或者单击底部 应用到布局 按钮，将"打印"对话框的设置保存到布局。

单击底部 确定 按钮，执行打印。

9.3 模型空间的视口

在"模型"选项卡上，也可以创建多视口。在"模型"选项卡创建视口，与"布局"选项卡中创建视口是同一个命令"VPORTS"，菜单栏【视图➜视口➜新建视口(E)】。

VPORTS 命令可以将绘图区拆分成多个相邻的矩形视口。这些视口充满整个绘图区并且相互之间无间隙、不重叠，因此模型空间视口又称为"平铺视口"，如图 9-13 所示。

双击一个视口，使之成为当前视口。

在模型空间视口，常作以下操作：

• 在不同视口分别平移、缩放视图。

• 执行绘图命令时，从一个视口绘制到另一个视口。

• 在不同视口分别设置 UCS（有关 UCS 的讨论参见 10.2 节的讨论）。

在一个视口对图形的修改，其他视口立即更新。

在大型或复杂的图形中，使用平铺视口可以减少在单一视图中缩放或平移的操作。如图9-13，正在画一条直线。在一个视口指定起点后，双击另一个视口使之成为当前视口，在这里指定直线的端点。

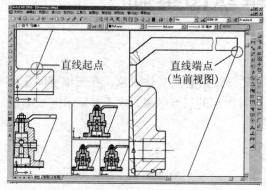

图 9-13　模型空间的平铺视口

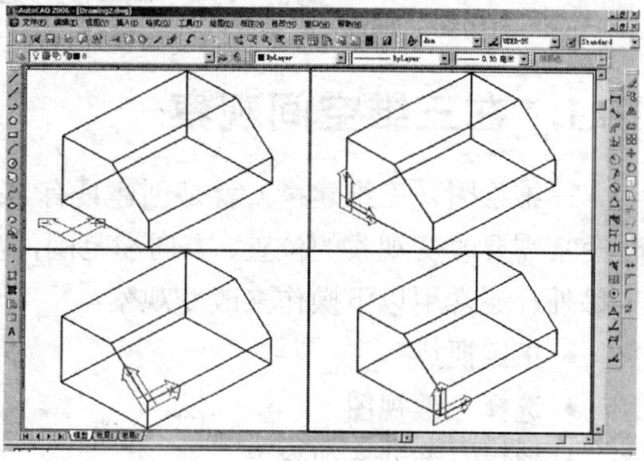

图 9-14　为视口设置不同的 UCS

在三维建模中，在平铺视口中设置不同的坐标系非常有用。如图 9-14 所示的平铺视图，设置有不同的 UCS（有关 UCS 的讨论，参见 10.2 节）。

不能同时打印"模型"选项卡的多个视口，只能对当前视图打印出图。

思 考 题

1. 图纸空间有何用途？如何进入图纸空间？什么是布局，布局和图纸空间有何区别？
2. 布局中如何修改在模型空间的对象？
3. 如何打开"页面设置"对话框？它和哪个对话框作用相似？
4. 在模型空间打印出图，是否可以不经页面设置工作而直接打印？
5. 打印的图纸上的线条宽度是由什么决定的？
6. 使用颜色相关打印样式表设定打印线宽，它与对象原来的线宽是否会冲突？
7. 为什么菜单栏【格式➜打印样式】，和"对象特性"工具栏的"打印样式控制"呈灰色不能选择？
8. 有些样板文件名中带有"Named plot style"字样，是什么含义？
9. 不打开"打印"对话框可以预览打印效果吗？

第 10 章   三维绘图基础

10.1   在三维空间观察

三维绘图（三维建模）就是创建具有 X、Y、Z 三维信息的立体对象。在三维空间工作时经常需要改变观察的位置、方向和范围，以便查看图形的三维效果。除了对显示区域缩放、平移外，还常用以下操作来改变观察：

- 指定视点
- 选择三维视图
- 使用三维动态观察器

10.1.1   设置视点

所谓"视点"（View Point）是观测者向原点（0,0,0）方向观察图形时视线的方向矢量。设置视点有两种方法。

1. 用坐标指定视点

例如，指定视点位置为（0,0,1）就是在从图形的正上方俯视图形，也是二维绘图时默认的视点设置。如果指定视点位置为（-1,-1,1），将从西南方向朝下观看图形，也是最常用的等轴测图的视点方向（在 XY 平面上，默认 Y 方向为正北）。

需要注意的是，在平行投影模式下，观察图形的效果与观察距离无关，视点只表示视线方向，并不指观察者的确切位置。例如指定视点（0,-1,0）和（0,-100,0）的效果完全相同。

"视点"命令输入：

❑ 菜单栏【视图➔三维视图➔视点(V)】：

❑ 命令行：VPOINT（别名：-VP）↵

输入命令后的提示：

当前视图方向： VIEWDIR=1.0000,1.0000,1.0000

指定视点或 [旋转(R)] <显示坐标球和三轴架>：

可以按照提示输入坐标以指定视点。

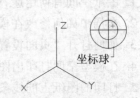

图 10-1   在坐标球上指定视

如果按[Enter]键，绘图区显示如图 10-1 所示的坐标球和三轴架。坐标球代表了球面空间，小圆表示上半球，大圆与小圆之间的区域表示下半球，两条直线将它们分为东南、西南、西北、东北四个区域。光标在坐标球上移动时，三轴架随之动态地转动，提示了视线方向。在坐标球上某点单击即指定视点位置。

如果选择"旋转(R)"选项，则通过指定方位角和高度角确定视点。

2. 用方位角和高度角指定视点

视点的方位角是指视线在 XY 平面上与 X 轴的夹角，

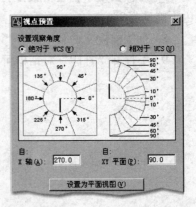

图 10-2   指定视点的方位角和高度

视点的高度角是指视线与 XY 平面的夹角。除了使用前面的"VPOINT"命令，在命令行输入外，用"视点预置"对话框设置视点的角度更方便。

❏ 菜单栏【视图➔三维视图➔视点预置(I)】

❏ 命令行：DDVPOINT（别名：VP）↵

该命令打开"视点预置"对话框，设置视点的方位角和高度角，如图 10-2 所示。可以直接输入角度数值，或者在中间的表示方位和高度两个角度的图形上单击指定。

可以指定所设置角度是基于 WCS 的，还是基于 UCS 的（参见 10.2 节的讨论）。

10.1.2 视图

所谓"视图"（View）是指在确定视点后观察到的图形范围。一般将从正 Z 轴上的一点指向原点的视图，即 XY 平面上的视图称为"平面视图"，其他方向都称为"三维视图"。

可以将调整好的视图保存，以便以后快速恢复。还可以指定 AutoCAD 预定义的十个常用视图。

❏ 菜单栏【视图➔命名视图(N)】

❏ 命令行：VIEW（别名：V）↵

打开"视图"对话框，如图 10-3 所示。

在"命名视图"选项卡，单击新建(N)按钮，可以将当前视图命名保存。在视图列表框中选择一个命名视图，单击置为当前(C)按钮，即恢复视图。

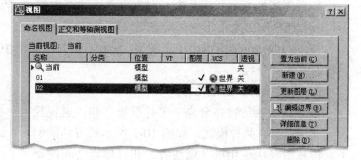

图 10-3 "视图"对话框

在"正交和等轴测视图"选项卡，列有 AutoCAD 预定义的十个常用视图：俯视、仰视、主视、左视、右视和后视正交方向的平面视图，以及西南、东南、东北和西北等轴测视图。可以从中选择一个置为当前。

快捷切换到十个预定义视图的方法是使用"视图"工具栏，如图 10-4 所示。

图 10-4 "视图"工具栏

10.1.3 使用三维动态观察器

"三维动态观察器"是调整视图的交互式工具，它实际是一些命令的组合。由于其交互的特点，操作时可以实时地观察到视图效果，而且功能较多，因此是最灵活、有用的视图工具。一般通过如图 10-5 所示"三维动态观察器"工具栏调用。

1. 三维动态观察

图 10-5 三维动态观察器及其工具栏

可以单击 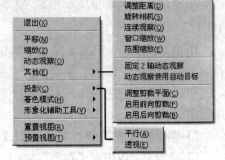 按钮（3DORBIT 命令，别名：3DO），激活三维动态观察器并进行动态观察。绘图区出现如图 10-5 所示的一个大圆以及在各象限点上的四个小圆。大圆示意为轨迹球。光标在轨迹球不同部分之间移动时，会显示为不同的图标。

光标移至大圆内，按下左键并拖动，就像是在自由转动轨迹球。三维视图跟随光标球转动。

当光标移到大圆外时，视图就围绕垂直于屏幕的轴旋转。

光标在左边或右边的小圆内按下左键并左右拖动时，视图绕竖直轴转动。光标在上边或下边的小圆内按下左键并上下拖动时，视图绕水平轴转动。

需要理解：模型一直保持不动，是相机（即观察者）随轨迹球的转动在一个包绕观察对象的假想球面上移动。相机的目标点是假想球面的中心，但不一定是查看对象的中心，也不一定在视图中央。3DORBIT 具有自动目标功能，即自动确定最佳目标点。

图 10-6 三维动态观察器快捷菜单

如果先选择一个（或几个）对象再激活动态观察器，未被选择的对象不出现在动态观察视图中。

按[Esc]或[Enter]键退出动态观察，或者右击显示如图 10-6 的快捷菜单，选择三维动态观察器的其他命令。

2．平行投影和透视投影

以立体图表达物体分为"平行投影"和"透视投影"（透视图）两种模式，如图 10-7 所示长方体的例子。透视图取决于相机（观察者）和目标点之间的距离，较小的距离产生明显的透视效果。平行投影立体图与这个距离无关。

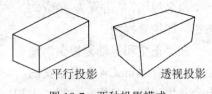

图 10-7 两种投影模式

在图 10-6 的快捷菜单上，选择投影➜透视(E)，就从默认的"平行投影"模式转换到"透视投影"模式。

需要注意，在透视模式有许多操作是不能用的，如对象捕捉功能以及需要用光标拾取的操作。PAN（平移）和 ZOOM（缩放）也不能使用，不过可以用"三维动态观察器"上的"三维平移"和"三维缩放"按钮。

3．动态观察器的部分其他视图调整操作

- **三维平移**：效果与 PAN 命令相同，视图沿拖动光标的方向移动。在透视投影模式，模拟平移相机时取景框中的视图效果。

- **三维缩放**：效果与 ZOOM 命令相同，即对视图的范围进行缩放。在透视投影模式，模拟相机变焦镜头的效果。它使对象看起来靠近或远离，但不改变相机的位置。

- **三维旋转**：通过拖动光标来模拟在三脚架上旋转相机，以改变视图的效果。

- **三维调整距离**：在平行投影模式，效果与 ZOOM 命令相同。在透视投影模式，往上或下拖动光标，模拟使相机靠近/远离对象，较近的距离会增加透视效果，但也容易失真。

- **三维连续观察**：单击并拖动三维视图启动连续运动。释放左键，视图将在拖动方向连续转动，转速由拖动速度决定。

- **剪裁平面**：三维动态观察器中可以在对象的前向和后向设置"剪裁平面"。剪裁平面平行于屏幕平面，是不可见平面，视图不显示超出剪裁平面之外的所有对象。

有三个与剪裁平面相关的按钮："三维调整剪裁平面"、"启用/关闭前向剪裁"和"启用/关闭后向剪裁"。

10.2 用户坐标系

10.2.1 WCS 和 UCS

AutoCAD 按照右手定则构造直角坐标系。在默认情况 AutoCAD 使用"世界坐标系"（WCS）。WCS 是固定的坐标系。二维绘图时所处平面一般就是 WCS 的 XY 平面。

三维建模中仅使用固定坐标系是远远不够的。为了建立绘图平面、设置视图、输入坐标，经常需要改动坐标原点的位置、坐标轴的方向等。因此必须使用可作各种设置的"用户坐标系"（UCS）。

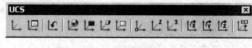

图 10-8 "UCS" 工具栏

建立和控制用户坐标系的命令是"UCS"，也可以通过菜单栏【工具➔命名 UCS】等项，或使用"UCS"工具栏（图 10-8）调用 UCS。

UCS 的命令行提示：

[新建(N)/移动(M)/正交(G)/上一个(P)/恢复(R)/保存(S)/删除(D)/应用(A)/?/世界(W)] <世界>:

如果选择"新建"UCS 的选项，进一步提示：指定新 UCS 的原点或 [Z 轴(ZA)/三点(3)/对象(OB)/面(F)/视图(V)/X/Y/Z] <0,0,0>:

有多种方法建立新 UCS：

- **指定新 UCS 的原点**：通过移动当前 UCS 的原点，保持其三轴方向不变。
- **Z 轴(ZA)**：选此项将提示指定新原点、新建 Z 轴正半轴上的一点。此选项使 XY 平面倾斜。
- **三点（3）**：通过指定三点定义 UCS。第一点指定原点，第二、三点定义 X 和 Y 轴的正方向。第三点可以位于新建 UCS 的 XY 平面的正 Y 轴上的任何位置。Z 轴由右手定则确定。例如，在图 10-9 的示例中，用"三点"方法将 XY 平面定义在斜面上。

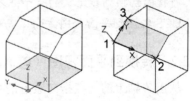

图 10-9 "三点" UCS

- **对象(OB)**：根据所选对象定义新的坐标系。新UCS 的 Z 轴正方向与选定对象的拉伸方向相同，其原点和 X 轴正方向按 AutoCAD 的规则确定。例如，所选的对象是圆，圆心成为新 UCS 的原点，X 轴通过圆上的选择点。如果所选的对象是直线，离选择点最近的端点成为新 UCS 原点。X 和 Y 轴的方向这样确定：该直线位于新 UCS 的 XZ 平面上，直线第二个端点的 Y 坐标为零。

- **面(F)**：选此项将提示选择实体对象的面，新 UCS 将与选定面重合，新 X 轴与面上的最近的边对齐。

- **视图(V)**：UCS 原点保持不变，垂直于观察方向的平面（平行于屏幕）是新 XY 平面。
- X/Y/Z：将当前 UCS 绕 X/Y/Z 轴旋转指定的角度，以生成新 UCS，如图 10-10 的示例。

可以通过【工具】菜单栏下的【命名 UCS】等多项、"UCS"工具栏（图 10-8）或命令行调用 UCS 命名。

其他部分选项说明：

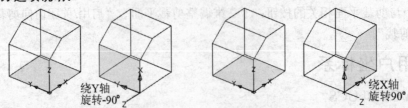

图 10-10　UCS 绕轴旋转

- **移动(M)**：通过移动原点的位置或者原点在 Z 轴上的移动距离定义新 UCS。
- **正交(G)**：进一步提示输入选项 [俯视(T)/仰视(B)/主视(F)/后视(BA)/左视(L)/右视(R)] <当前>：
  在六个预定义的正交方向 UCS 中指定一个。
- **保存(S) / 恢复(R)**：把当前 UCS 命名保存/ 将保存的 UCS 指定为当前。
- **世界(W)**：将世界坐标系指定为当前坐标系。

UCS 图标通常显示于绘图区左下角。UCSICON 命令可以控制 UCS 图标的显示和特性。也可以通过菜单栏【视图➜显示➜UCS 图标➜…】，控制图标是否显示，是否通过原点。

需要注意，WCS 与 UCS 图标略有不同，图标是否过原点也有所不同（图 10-11）。

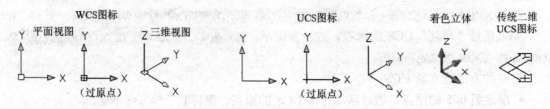

图 10-11　WCS 与 UCS 图标

> 将视图切换到预定义的六个正交视图中的任何一个时（参见 9.1.2），AutoCAD 自动将
> UCS 转动到平面视图方向，而切换到预定义的等轴测视图时，UCS 保持不变。

10.2.2　转换到平面视图（PLAN 命令）

从正 Z 轴上的一点指向原点的视图是"平面视图"。PLAN 命令使视图立即返回平面视图。

- ❑ 菜单栏【视图➜三维视图➜平面视图(P)】
- ❑ 命令行：PLAN↵

输入选项 [当前 UCS(C)/UCS(U)/世界(W)] <当前 UCS>：

按[Enter]键选择默认项，立即转换到当前 UCS 的平面视图。

也可以指定"USC(U)"项，选取已保存的 USC。指定"世界(W)"项，转换到 WCS 的平面视图。

平面视图中，UCS 图标不显示 Z 轴箭头，参见图 10-11。

10.3　空间点的坐标

可以用以下方法表示空间点在当前坐标系的位置：

1．直角坐标

与二维绘图时的情况类同，空间点的直角坐标就是用逗点（comma）隔开的 X 值、Y 值和 Z 值，又分为绝对直角坐标和相对直角坐标。

绝对直角坐标是从原点开始测量的。相对直角坐标是基于"基点"（上一个输入点）的，冠以"@"符号表示。

2．柱坐标

柱坐标是在二维极坐标的基础上，用逗点隔开，再添上空间点的 Z 坐标差表示的，又分为绝对柱坐标和相对柱坐标。如图 10-12a) 所示为相对柱坐标的示意。

例如，"@20<30,35"表示目标点的位置在与 XY 面平行的平面上，距基点距离是 20，方位角（与 X 轴的角度）是 30°，Z 坐标差是 35。

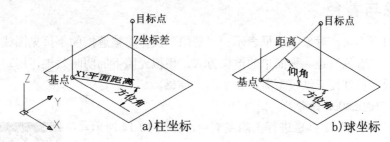

图 10-12　柱坐标和球坐标

3．球坐标

球坐标是用到目标点的空间距离以及目标点的方位角和仰角（与 XY 平面的角度）表示的，如图 10-12b)所示。球坐标表示为"距离<方位角<仰角"，也分为绝对球坐标和相对球坐标。

例如，"@35<30<45"表示与基点距离 35，方位角是 30°，仰角是 45°。

10.4　有厚度的二维对象

1．在三维空间创建二维对象

在三维空间绘制二维对象时，都是建在当前 UCS 的 XY 平面上的。例如输入 CIRCLE 命令后，用光标在绘图区拾取一点指定圆心。圆心的 Z 坐标为零，圆也在 XY 平面上。如果用对象捕捉方法捕捉空间某点指定圆心，或者用输入 Z 不为零的坐标值，则创建一个平行于当前 XY 平面的圆。其他二维命令像 CIRCLE 一样，整个对象必须在 XY 平面上或与之平行的平面上。只有 LINE 命令是例外，通过指定端点的三维坐标，就可以创建三维直线。

如果要创建 Z 坐标不为零的二维对象，也可以先在 XY 平面创建，选择该对象，然后通过"特性"选项板（双击对象，或"标准"工具栏"对象特性"按钮）改变对象的 Z 坐标值。也可以用 MOVE 命令移动对象来改变其 Z 向位置。

2．有厚度的二维对象

可以通过给二维对象指定厚度（Thickness）来创建简单的曲面，使二维对象具有三维外观，如图 10-13 所示。

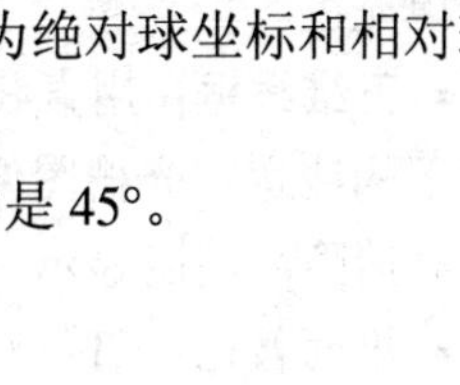

要改变已有对象的厚度，一般先选择对象。通过双击对象（或"标准"工具栏"对象特性"按钮），打开"特性"选项板，在

图 10-13　有厚度的二维对象

"基本"栏的"厚度"项中指定值。

如果不选择对象就改变"特性"选项板中厚度的值将设置当前厚度,这将影响新建的对象。

对象的厚度是对象于所在位置向上或向下加厚的距离。正的厚度按 Z 轴正向向上拉伸,负的厚度按 Z 轴负向向下拉伸。零厚度表示对象没有厚度。Z 方向由创建对象时的 UCS 的方向确定。

可以改变厚度的二维对象主要有圆、圆弧、直线、多段线、单行文字(用 SHX 字体创建)等。

有厚度的二维对象并不是三维对象,因为它自身没有 Z 向的信息。

10.5   消隐与着色

创建或编辑图形时,对象以线框表示。"消隐"操作将被遮挡的不可见图线消除,使图形简洁、清晰。"着色"是一种简单的渲染方式,模拟光照下的明暗效果,用对象自身的颜色着色。消隐或着色都使三维模型看上去更具立体感。

1. 着色(SHADEMODE 命令)

通常使用"着色"工具栏进行消隐或着色,如图 10-14 所示。各按钮是"SHADEMODE"命令的各个选项。

图 10-14 "着色"工具栏

• **二维线框**:用直线和曲线线框显示对象。在二维线框显示下,线型、线宽、光栅图像都是可见的。在三维视图中不能显示宽多段线的填充色。

• **三维线框**:用直线和曲线线框显示对象,UCS 图标显示为着色的三维箭头。三维线框模式下的线宽、光栅图像可见,但不能显示线型、宽多段线的填充色。

• **消隐**:消隐显示。线宽可见,不能显示线型和光栅图像、宽多段线的填充色。

• **平面着色**:着色对象。平面着色模式的曲面对象看上去由多边形平面组成。

• **体着色**:着色对象,并使对象的边平滑化,曲面上颜色明暗是渐变的。体着色的对象光滑、真实。

• **带边框平面着色**:平面着色,同时显示线框。

• **带边框体着色**:体着色,同时显示线框。

可以对有厚度的二维对象进行消隐或着色,如图 10-15 的示例。

消隐   带边框平面着色

图 10-15   消隐和着色的效果

2. 消隐(HIDE 命令)

"HIDE"是重生成消隐的三维模型的命令。其消隐效果与着色命令中的"消隐"略有不同。例如,SHADEMODE 命令的"消隐",将圆对象(CIRCLE)视为为透明的线框(见图 10-16),而 HIDE 命令则将圆对象视为不透明的面。

有关 HIDE 命令的更多讨论,参见 12.2 节。

10.6   三维线框模型

10.6.1 创建线框模型

所谓"线框模型"是用直线和曲线构成的三维对象。线框模型中没有面，只有描绘对象边界的点、直线和曲线。三维线框可以是创建其他模型的骨架，也可以是完成的模型，例如用线框绘制管线模型。

常用以下方法构造三维线框：

- 输入三维坐标，创建对象，如直线等。
- 设置绘制对象的构造平面，即设置新 UCS 的 XY 平面，然后创建对象。
- 创建对象后，将它移动或复制到适当的三维位置。

AutoCAD 提供了一些绘制线框的三维对象命令，例如直线（LINE）、样条曲线（SPLINE）、三维多线段（3DPOLY）。

10.6.2 三维多段线（3DPOLY）

三维多段线（3DPOLY 命令）与二维多段线（PLINE）有些相似，但有多点不同处：

- 3DPOLY 只能画直线段，不能画圆弧段。
- 3DPOLY 不能设置线宽。
- 3DPOLY 只能用连续线型（Continuous）绘制，不能显示为非连续线型。

命令输入：

❑ 菜单栏【绘图➜三维多段线(P)】

❑ 命令行：3DPOLY

3DPOLY 的命令行的提示较简单，除了要求指定起点和端点，提供的选项仅有"放弃(U)"和"闭合(C)"。

编辑多段线命令（PEDIT）对 3DPOLY 仍然有效，但可供的选择项也比对二维多段线编辑时要少。

虽然 PLINE 是二维多段线，但在三维建模中仍然十分有用。要注意两点：

> ➤ PLINE 是二维多段线，只能创建在当前 XY 平面或与之平行的平面内。
> ➤ PEDIT 命令只能对当前 XY 平面或与之平行的平面内的二维多段线进行编辑。

10.7 三维操作

在二维绘图时常用的阵列（ARRAY）、镜像（MIRROR）、旋转（ROTATE）等操作，在三维空间依然可用，也经常应用。由于它们是二维操作命令，其操作只限于在当前 XY 平面或与之平行的平面内。如果要在三维空间作阵列、镜像、旋转对象，必须使用相应的三维操作命令。修剪（TRIM）和延伸（EXTANDE）则具有专门用于三维空间的选项。

10.7.1 在三维空间中阵列

❑ 菜单栏【修改➜三维操作➜三维阵列(3)】

❑ 命令行：3DARRAY↵

执行命令、指定对象后提示：输入阵列类型 ［矩形(R)/环形(P)］ <R>:

可以在三维空间中创建对象的矩形阵列或环形阵列，如图 10-16 的示例。

如果选择矩形阵列，除了指定列数（X 方向）和行数（Y 方向）以外，还要指定层数（Z

方向）。

环形阵列，就是绕旋转轴复制对象。除了指定复制
的数量、环绕角度、阵列对象是否旋转外，还要指定阵
列的中心点以及旋转轴上的第二点。

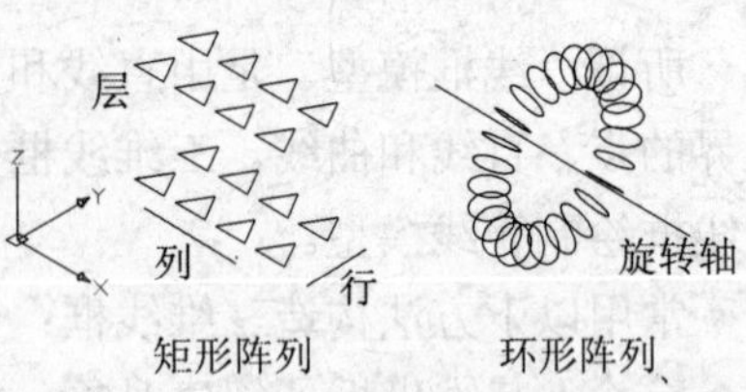

图 10-16 三维阵列

10.7.2 三维空间中的镜像

    ❑ 菜单栏【修改➜三维操作➜三维镜像(M)】

    ❑ 命令行：MIRROR3D↵

执行命令、指定对象后提示：指定镜像平面 (三点) 的第一个点或[对象(O)/最近的(L)/Z 轴(Z)/视
图(V)/XY 平面(XY)/YZ 平面(YZ)/ZX 平面(ZX)/三点(3)] <三点>

与二维镜像只需要指定镜像线不同，三维镜像需要指定一个镜像平面来创建镜像对象，
如图 10-17 所示。镜像平面可以是以下平面：

    ● 二维对象所在的平面（指定"对象(O)"选项）

    ● 通过指定点且与当前 UCS 的 XY、YZ 或 XZ 平面平行的平面

    ● 根据某平面上的一个点和过该点的平面法线上的一个点定义镜
像平面（指定"Z 轴(Z)"选项）

    ● 视图平面（指定"视图(V)"选项）

    ● 由三个指定点定义的平面（默认的"三点"选项）

图 10-17 三维镜像

10.7.3 三维空间中旋转对象

    ❑ 菜单栏【修改➜三维操作➜三维旋转(R)】

    ❑ 命令行：ROTATE3D↵

执行命令、指定对象后提示：

指定轴上的第一个点或定义轴依据[对象(O)/最近的(L)/视图(V)/X 轴(X)/Y 轴(Y)/Z 轴(Z)/两点(2)]:

与二维旋转只需要指定旋转基点不同，三维旋转需要指定旋转轴。

    ● **对象(O)**：由所选对象确定旋转轴。对象只能是直线、圆、圆弧或二维多段线线段。
如果是直线或二维多段线直线段，旋转轴即与其重合；如果是圆、圆弧或二维多段线圆弧段，
旋转轴经过圆心且垂直于圆或圆弧平面。

    ● **视图(V)**：旋转轴过指定点与视图平面垂直。

    ● **X/Y/Z 轴**：旋转轴通过指定点与坐标轴（X、Y 或 Z）对齐。

    ● **两点**：根据两点定义旋转轴。在主提示下指定第一点，再指
定轴上第二点。两点的指定顺序决定了旋转轴的方向，输入的旋转
角按右手定则确定其正方向。图 10-18 的示例中，通过点 1、2 指
定旋转轴，在"指定旋转角度"提示下输入 30，请观察对象旋转
的方向（虚线表示原位置）。

图 10-18 三维旋转

后续提示与二维旋转命令的提示相近，无须赘述。

10.7.4 在三维空间对齐对象

"对齐"命令 ALIGN（别名 AL），可以通过菜单栏【修改➜三维操作➜对齐(L)】调用。

该命令在二维绘图中也可应用（参见 4.13 节的讨论）。

在三维空间将对象与其他对象对齐需要用三对源点和目标点。

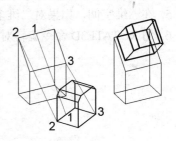

在图 10-19 的示例中，要将一个对象的底面与另一对象的斜面重合，并要求它们的一条边居中对齐。第一对源点与目标点用于对齐定位，所以各指定边的中点 1。第二对点确定对齐后的方向，故指定相应边的端点 2。第三对点用于确定面、面重合，所以各指定相应面上与 1、2 点不同线的点 3。

图 10-19 "对齐" 操作

10.7.5 在三维空间进行修剪和延伸

TRIM 和 EXTEND 是二维绘图中最常用的编辑命令（参见 4.5 节），它们也可以在三维空间使用。

如果选择命令提示的"投影(P)"选项，还可以指定修剪或延伸对象时使用的投影方法，即使那些对象在三维空间可能不会相交。

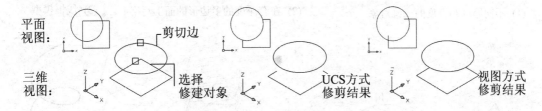

图 10-20 修剪命令的的投影方式

在图 10-20 的示例中，圆的 Z 坐标大于矩形。执行 TRIM 命令，指定圆为剪切的边，命令行提示：选择要修剪的对象，或按住 Shift 键选择要延伸的对象，或[栏选(F)/窗交(C)/投影(P)/边(E)/删除(R)/放弃(U)]: 。

选择"投影(P)"选项，进一步的提示：输入投影选项 [无(N)/UCS(U)/视图(V)] <视图>:。

• 无(N)：不用投影方法修剪，只修剪在三维空间中与剪切边相交的对象。

• UCS(U)：根据在当前 UCS 的 XY 平面上的投影进行修剪。

• 视图(V)：根据在当前视图方向的投影进行修剪，修剪在当前视图中与边界相交的对象。

选择"UCS"方式或"视图"投影方式的剪切结果分别如图所示。

EXTEND 命令的选项和操作，与 TRIM 命令相似。

思 考 题

1. 视图和视点有什么关系？

2. 在透视图中可以绘制、编辑图形吗？

3. 仔细观察 WCS 与 UCS 图标的不同点，它们是否在原点，显示上有什么区别？如何控制 UCS 图标的显示？

4. 三维多段线绘制的图形可以倒圆角吗？

5. 在三维空间，如果对二维多段线（PLINE）无法修剪（TRIM），可能会是什么原因？

6. 用 ROTATE3D 命令旋转对象时，如何确定旋转角的正方向？

练 习 题

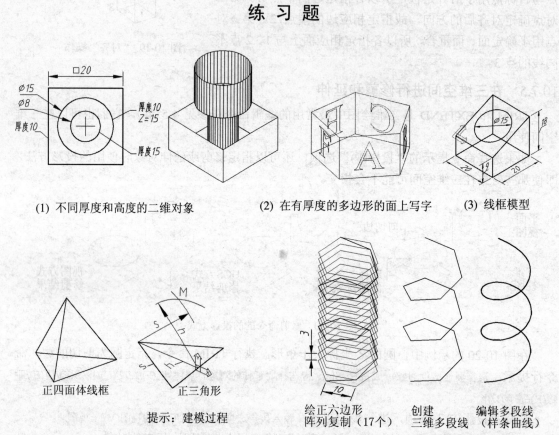

(1) 不同厚度和高度的二维对象　　　　(2) 在有厚度的多边形的面上写字　　　(3) 线框模型

正四面体线框　　　　　正三角形

提示：建模过程

(4) 线框模型

绘正六边形　　　创建　　　编辑多段线
阵列复制（17个）　三维多段线　（样条曲线）

(5) 用三维多段线模拟螺旋线

第 11 章   三维曲面模型

11.1   三维曲面概述

AutoCAD 可以创建三类不同性质的三维对象：线框模型（参见 10.6 节的讨论）、曲面模型、实体模型（将在 12 章讨论）。每一类模型都有各自的创建和编辑方法。

曲面建模（Surfaces）不仅定义三维对象的边，而且定义面。AutoCAD 是使用多边形网格定义曲面的，因此曲面也称为网格。由于组成曲面的每个网格单元都是平面的，因此网格只能近似于曲面，但网格的密度可以控制。

曲面模型通常显示为线框形式，但可以用 SHADEMODE、HIDE 命令消隐或着色。

一般，通过"曲面"工具栏（如图 11-1 所示），或菜单栏【绘图➜曲面】输入曲面建模的各个命令。

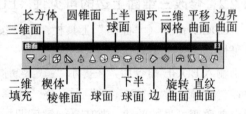

图 11-1   "曲面"工具栏

11.2   创建三维曲面

11.2.1   创建三维面（3DFACE 命令）

3DFACE 命令（别名：3F，"曲面"工具栏：![按钮] 按钮），可以在空间任何位置创建具有三边或四边的平面，并可以将这些面无缝拼接成较复杂的三维曲面模型。一般先创建三维线框模型，如图 11-2a) 所示的例子，然后再使用 3DFACE 给线框进行"蒙面"，结果得到如图 11-2b) 所示的三维曲面模型。

输入命令后提示："指定第一点或［不可见(I)］"。通过顺时针或逆时针依次指定四点，构成四边形面。在指定第三点后提示："指定第四点或［不可见(I)］〈创建三侧面〉"如果按[Enter]接受默认项，则创建三边形面。

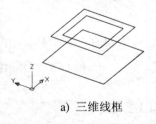

a) 三维线框   b) 三维面   c) 隐藏顶面的接缝

图 11-2   创建三维面

通过 3DFACE 命令生成一个三边形或四边形面后，该命令并未结束，而是将刚才指定的最后两点作为下一个多边形面的第一、二个顶点，命令行继续重复提示要求指定第三、第四点。这样就可以将这些面拼接成的三维网格。

"不可见(I)"选项用于控制三维面上各边的可见性，例如隐藏三维网格的内接边。在命令提示指定一点之前，先选择"不可见(I)"选项，可以使这个顶点对应的边不可见。

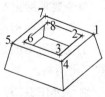

a) 所有边可见   b) 内接边不显示

图 11-3   使三维面的内接边不可见

在图 11-3 所示的例子中，需要用 3DFACE 生成两个相接的四边形平面来构造六边形平面。在命令提示下，按图 11-3a) 所示顶点序号依次指定各点，在指定第二点后，先选择"不可见(I)"选项，然后再指定第三点。这样，生成的六边形平面上，由第三、第四点连接的内接边不显示，如图 11-3b) 所示。

为了使图 11-2 所示模型顶面上的接缝不可见，在指定第一、第三点（图上的 1、3、5、7）之前，先选择"不可见(I)"选项，结果如图 11-2c) 所示。

> ➤ 先构造三维线框作为曲面模型的骨架，然后用 3DFACE 并使用对象捕捉进行蒙面。
> ➤ 要为线框和曲面模型创建不同的图层，便于控制其显示和进行编辑。

11.2.2　修改三维面上边的可见性（EDGE 命令）

EDGE 命令（"曲面"工具栏：◇ 按钮），用于修改已有三维面（3DFACE）的边的可见性。

输入 EDGE 命令后，在提示"指定要切换可见性的三维表面的边或 [显示(D)]"下，逐一选择三维面上要改变可见性的边，按[Enter]键即执行。"显示(D)"选项用于暂时显示不可见的边，以便选择。

如图 11-4 的示例是用 3DFACE 创建的平房模型，可以通过 EDGE 命令将墙上显示的内部边修改为不可见。

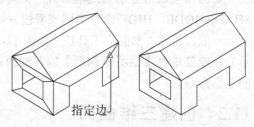

图 11-4　EDGE 命令修改边的可见性

11.2.3　创建三维网格（3DMESH 命令）

3DMESH 命令（"曲面"工具栏：按钮 ◈ ），通过指定网格上的顶点来构造曲面网格。

命令要求给出 M 和 N 方向上的网格数量，然后需要指定每一个顶点。如图 11-5 的左图所示的是一个 M 为 5，N 为 4 的三维网格。

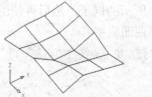

M=5，N=4的三维网格　　用PEDIT使网格光滑

图 11-5　三维网格

对 3DMESH 对象可以用 PEDIT 命令进行一些编辑操作。该命令的主要用途已在 4.3.2 节讨论。根据所选对象是二维多段线、三维多段线，还是三维网格，PEDIT 命令会有不同的提示选项。

如果选择的是三维网格对象，命令行提示：输入选项 [编辑顶点(E)/平滑曲面(S)/非平滑(D)/M 向关闭(M)/N 向关闭(N)/放弃(U)]:。

如图 11-5 的右图所示的就是对左图中的三维网格执行 PEDIT 命令后，选择"光滑曲面(S)"选项的结果。

可以用对象捕捉的方法逐一指定各个顶点来构造三维网格。如图 11-6 所示，先按要求沿

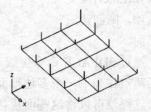

图 11-6　捕捉直线的端点以指定网格顶点

行、列放置不同高度的直线段，创建网格面时捕捉各线的端点以指定网格顶点。当然也可以通过逐一输入坐标的方法指定每个顶点。3DMESH 命令更适用于以编程方法创建复杂曲面的场合，网格顶点坐标可以来自数据文件。

简单的三维网格还是用 3DFACE 创建较为方便。

11.2.4　创建旋转曲面（REVSURF 命令）

REVSURF 命令（别名：REV，"曲面"工具栏： 按钮），用一条"路径曲线"（母线）绕一条轴旋转来形成曲面。

路径曲线可以是一条直线、多段线、圆或圆弧、椭圆或椭圆弧，可以是开放的或封闭的。如图 11-7 所示是用一条多段线为路径曲线创建的旋转曲面。

REVSURF 命令首先提示当前的线框密度。旋转曲面的网格密度是由两个系统变量："SURFTAB1"（旋转方向）和"SURFTAB2"（路径曲线方向）决定的。如果要改变网格密度，必须在调用命令之前先输入系统变量名，键入其新值。

起点角度和旋转角度（包含角度）可以是任意角度。根据旋转轴矢量，由右手定则确定旋转角的正方向。旋转轴的矢量方向，则是在指定一条直线时决定的：离拾取点较近的一端指向轴矢量的正方向。如果指定一条多段线为旋转轴，多段线第一个顶点到最后一个顶点的矢量确定了旋转轴。

SURFTAB1=6　　　　SURFTAB1=24　　　　消隐显示
SURFTAB2=6　　　　SURFTAB2=12

图 11-7　旋转曲面

11.2.5　创建平移曲面（TABSURF 命令）

TABSURF 命令（"曲面"工具栏： 按钮），用一条轮廓曲线，沿定义了方向和距离的矢量拉伸，形成曲面，如图 11-8 的示例。

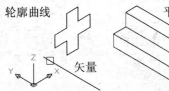
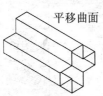
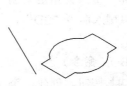

轮廓曲线　　　　　　平移曲面

矢量

图 11-8　平移曲面

矢量通常是一条直线，如果是多段线，则以其起点和终点的假想连线作为矢量。矢量是从离拾取点较近的一端指向另一端的。轮廓曲线可以是一条直线、多段线、圆或圆弧、椭圆或椭圆弧等。

平移曲面沿轮廓曲线的线框密度由系统变量 SURFTAB1 确定。

11.2.6　创建直纹曲面（RULESURF 命令）

RULESURF 命令（"曲面"工具栏： 按钮），在两条曲线对象之间延伸形成曲面，该曲面用连接这两条曲线对应点的直纹来显示，如图 11-9 的示例。

定义直纹曲面的两条曲线可以是直线、多段线、圆或圆弧、椭圆或椭圆弧、样条曲线，也可以是点对象，如图 11-10 的示例。

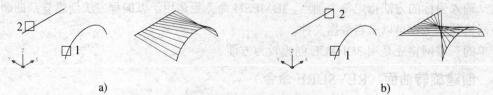

a)   b)

图 11-9   两条曲线之间生成直纹曲面

曲线的一端与另一条曲线的哪一端连接，由拾取点的位置决定。如果在相反方向一侧拾取两点，形成的曲面就会产生自交，如图 11-9b) 所示。

系统变量 SURFTAB1 的值决定直纹曲面中直纹的数量。

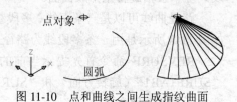

图 11-10   点和曲线之间生成指纹曲面

11.2.7   创建边界曲面（EDGESURF 命令）

EDGESURF 命令（"曲面"工具栏：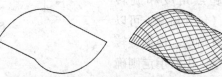 按钮），以四条首尾相连的曲线为边界，创建孔斯（Coons）曲面片网格，如图 11-11 的示例。

边界曲线可以是直线、圆弧、样条曲线、开放的多段线等。

边界曲面的线框密度由 SURFTAB1 和 SURFTAB2 确定。其中 SURFTAB1 决定第一条边上的线框密度。

图 11-11   边界曲面

11.3   创建预定义的三维曲面

AutoCAD 预定义了一些基本几何体的曲面模型。可以由菜单栏【绘图➔曲面➔三维曲面(3)】，打开如图 11-12 所示的"三维曲面"对话框，或者通过"曲面"工具栏指定要创建的预定义曲面。也可以键入命令"3D"，通过命令行的选项指定。

1. **长方体面**（AI_BOX 命令）

"曲面"工具栏：按钮。创建一个底面与当前 XY 平面平行的长方体面。

在命令提示下，依次指定长方体的一个

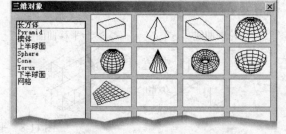

图 11-12   预定义的三维曲面

角点和它的长、宽、高，以及绕 Z 轴的旋转角即构成模型。在 AutoCAD 中，长、宽、高，分别是指沿当前 UCS 的 X、Y、Z 的正方向的尺寸。

如果选择提示中的"立方体(C)"选项，则创建一个各边相等的正方体面。

2. **楔体面**（AI_WEDGE 命令）

"曲面"工具栏：按钮。创建一个矩形底面的楔体面，创建方法与长方体面相同。

3. **棱锥面**（AI_PYRAMID 命令）

"曲面"工具栏：按钮。该命令可以创建三棱锥（四面体）面、四棱锥面、棱锥台面等，如图 11-13 所示。

● **四棱锥面**：在命令提示下，依次指定棱锥面底面
的四个角点、棱锥的顶点。

● **三棱锥面**：在指定底面的第三个角点后，选择
"四面体(T)"选项，便构建三棱锥面。

● **棱锥台面**：定义底面后的提示："指定棱锥面的
顶点或 [棱(R)/顶面(T)]："。选择"顶面(T)"选项，将
棱锥面的顶定义为面，然后指定顶面各角点。

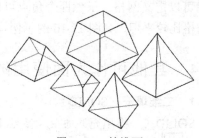

图 11-13　棱锥面

● **顶为棱线的棱锥面**：定义底面后，选择"棱(R)"
选项，将棱锥面的顶定义为棱，然后指定顶部棱线的两个端点，则构建顶为棱线的坡状棱锥
面。

4．圆锥面（AI_CONE 命令）

"曲面"工具栏：△ 按钮。创建正圆锥状
网格面。通过指定顶面的半径（或直径）还可以
创建圆柱状面或圆台状面，如图 11-14 所示。

该命令最后显示提示："输入圆锥面曲面的线段
数目<16>："。线段数越高，圆锥面显得越光滑。
默认的线段数是 16。

该命令只创建圆锥面，无底面和顶面。

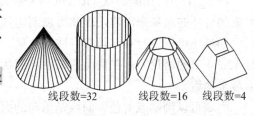

线段数=32　　线段数=16　　线段数=4

图 11-14　圆锥面

5．球面（AI_SPHERE 命令）

"曲面"工具栏：⦿ 按钮。该命令创建球状网格面。除了指定中心和半径（或直径）
外，还要求输入曲面的经线数目和纬线数目。默认的经线数和纬线数都是 16。它们的数值越
大，球面显得越光滑，如图 11-15 所示。

6．上球面（AI_DOME 命令）

"曲面"工具栏：⌣ 按钮。创建上半球状网格曲面。

7．下球面（AI_DISH 命令）

"曲面"工具栏：⌢ 按钮。创建下半球状网格曲面。

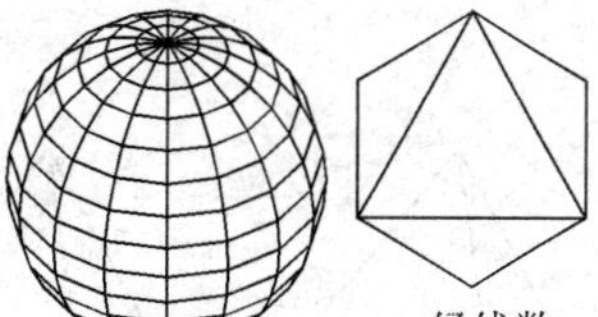

8．圆环面（AI_TORUS 命令）

"曲面"工具栏：⊙ 按钮。通过指定和输入圆环面
的中心点、圆环面的半径（或直径）、圆管的半径（或直径）、坏绕圆管圆周的线段数目和
环绕圆环面圆周的线段数目创建圆环状网格面。

经线数=4
经线数=16　纬线数=16　　纬线数=2

图 11-15　球面

> ➢ 圆锥面、球面、圆环面等曲面都是网格面。无论线段数多少，曲面上每一个网格仍是
> 平面。圆锥的底、球的经纬线、圆环的圆周实际都是正多边形，不存在圆心，不能用
> 对象捕捉的"捕捉到圆心"。

9．网格（AI_MESH 命令）

"曲面"工具栏：◈ 按钮。该命令与 3DMESH 命令相似，但创建的网格比较简单。
该命令不需要输入每个顶点，只要指定网格的四个角点确定网格的边界，再输入 M 方向（类

似 XY 平面的 X 方向）和 N 方向（类似 Y 方向）的网格数
量就可以定义网格。虽然四个角点可以不在同一平面上，
但网格比较平坦，如图 11-16 的示例。

图 11-16　网格

11.4　其他可作为面使用的对象

1. 二维填充（SOLID）

SOLID（二维填充）命令（参见 4.21 节的讨论），被归纳在曲面建模类中（"曲面"工
具栏：按钮；菜单栏：【绘图➜曲面】）。

SOLID 是填充的三边形或四边形平面，只能建在当前 XY 平面或与之平行的平面内，可
以消隐或着色。

2. 面域（REGION）

在 5.2.1 节讨论的面域（REGION）是另一种性质的、具有物理特性的面。面域可以通过
形成闭合环的对象来创建，因此可以创建任何形状的、具有曲线边界的面域。

面域还可以进行布尔运算，通过并集、差集或交集得到更复杂的形状或带有孔的面（参
见 12.3.4 节的讨论）。在曲面建模中，形状复杂，用其他命令无法创建的平面，可以考虑用
面域来构造。

面域可以消隐或着色。面域是单向的面，在着色模式下，只能从法向一侧显示面。

面域也常用于二维图形和三维实体建模。

调用 REGION 命令（别名 REG）的方法："绘图"工具栏：按钮；菜单栏：【绘图
➜面域(N)】。也可以用"边界"命令（BOUNDARY）创建面域（参见 5.2.2 节）。

练 习 题

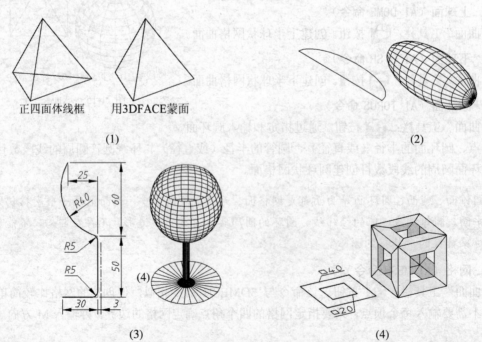

正四面体线框　　用3DFACE蒙面

(1)

(2)

(3)

(4)

(4)

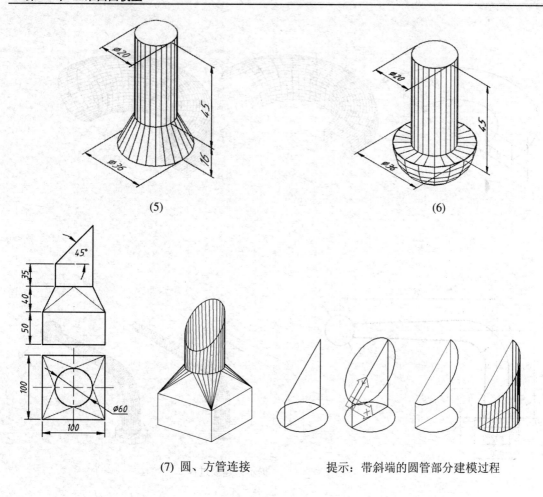

(5)　　　　　　　　　　　　　　　　　　　　　　　　　(6)

(7) 圆、方管连接　　　　　　　　　提示：带斜端的圆管部分建模过程

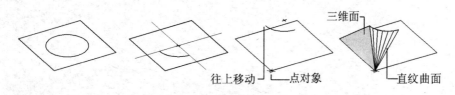

提示：连接部分建模过程

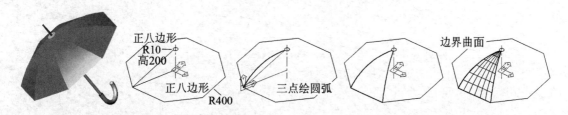

提示：伞面部分的建模过程

(8) 伞

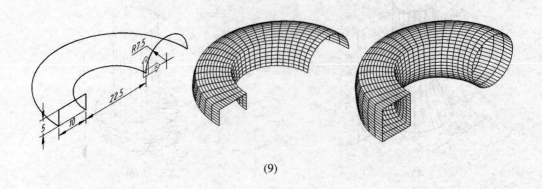

(9)

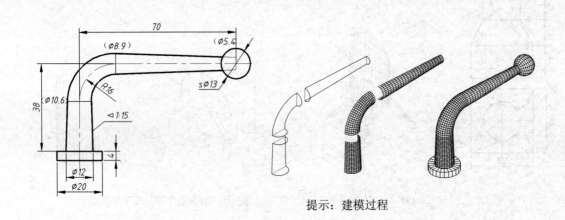

提示：建模过程

(10) 按尺寸创建操纵杆的曲面模型

第 12 章　三维实体模型

12.1　实体模型概述

实体（Solid）是实心的对象，因此三维实体模型不仅具有面、边，还有体。在线框、曲面和实体这三类三维模型中，实体模型所具有的信息最完整。利用实体模型可以分析质量性质（体积、重心、惯性矩等）。

创建形状结构复杂的三维模型，用实体建模比曲面建模容易。

在布局中，三维实体模型可以自动生成二维视图或剖视图，而无需再另外绘制（参见第14 章的讨论）。

一般，通过"实体"工具栏和"实体编辑"工具栏调用创建和编辑实体的命令，如图 12-1所示。或者使用菜单栏【绘图➜实体】和【修改➜实体编辑】下的子菜单。

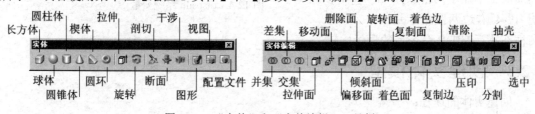

图 12-1　"实体"和"实体编辑"工具栏

12.2　实体模型显示控制

实体对象默认显示为线框形式，直至被消隐、着色或渲染。实体对象上的曲面在消隐模式下一般显示为网格。有几个系统变量控制实体的显示。

1. ISOLINES 系统变量

表面为曲面的实体（如实体球、圆柱等），在线框显示模式下，曲面上的线框数是由系统变量 ISOLINES控制的。取较小的 ISOLINES 值有利于快速显示，其默认值是 4。如图 12-2 所示是一个实体球在不同 ISOLINES值时，线框显示效果的比较。

虽然提高 ISOLINES 的值可以改善观察效果，但是ISOLINES 仅仅对线框显示起作用。

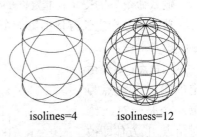

isolines=4　　isoliness=12

图 12-2　isolines 系统变量

2. FACETRES 系统变量

对应于二维绘图中控制曲线光滑度的系统变量VIEWRES（参见 2.2.4 节的讨论），在三维建模中，消隐（HIDE）、着色（SHADEMODE）显示时，或者对场景进行渲染（参见第 13 章的讨论）时，实体模型曲面的平滑度，是由系统变量 FACETRES 决定的。

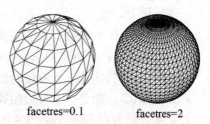

facetres=0.1　　facetres=2

图 12-3　facetres 系统变量

FACETRES 值的设置范围从 0.01 到 10.0，默认值是 0.5。如图 12-3 所示是一个实体球在消隐显示时，不同 FACETRES 值的效果比较。

3. DISPSILH 系统变量

DISPSILH 系统变量可取的值是 0 或 1，它有两个作用：

● 控制实体对象的曲面轮廓在线框模式中的显示，DISPSILH 值为 0 时（默认值），不显示视线方向上的曲面轮廓。如图 12-4 左边两图所示是不同 DISPSILH 值时圆柱用线框显示的比较。

● 控制在实体对象通过 HIDE 命令消隐时，是否绘制网格，值为 1 时实体曲面上不显示网格。如图 12-4 右边两图所示是圆柱在执行 HIDE 命令后的显示比较。

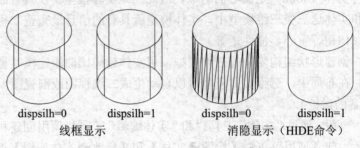

dispsilh=0　　　　dispsilh=1

线框显示

dispsilh=0　　　　dispsilh=1

消隐显示（HIDE命令）

图 12-4　dispsilh 系统变量

12.3　创建实体模型

创建实体的途径：

● 用基本实体（长方体、圆锥体、圆柱体、球体等）创建简单几何体的模型。

● 通过拉伸二维对象或者绕轴旋转二维对象创建实体。

● 执行布尔运算将已有实体组合成更复杂的实体。

12.3.1　创建基本实体

1. 长方体（BOX 命令）

"实体"工具栏：▣ 按钮。创建一个底面与当前 UCS 的 XY 平面平行的长方体。

输入命令后的提示：指定长方体的角点或［中心点(CE)］〈0, 0, 0〉:。

首先通过指定长方体的第一个角点或三维中心点以确定其位置。又提示：指定角点或［立方体(C)/长度(L)］:。

● **角点**：如果指定的第二个角点与第一个是一对三维对角点，长方体即被定义。如果两个角点在同一 XY 平上，则

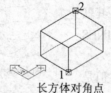

长方体对角点

底面对角

三维中心

图 12-5　创建长方体的多种步骤

定义了长方体的底（或顶），还需要指定长方体的高，如图 12-5 左边两图所示。

● **中心点(CE)**：长方体的三维中心点。

● **长度(L)**：依次输入长方体的长、宽、高，定义长方体，如图 12-5 第 3 图所示。

● **立方体(C)**：创建一个各边相等的长方体。

长、宽、高分别是沿当前 UCS 的 X、Y、Z 方向的尺寸。也可以指定负值，将长方体建在负坐标域中。

2．球体（SPHERE 命令）

"实体"工具栏：⬤ 按钮。指定中心和半径（或直径），创建实体的球，如图 12-2 所示。

3．圆柱体（CYLINDER 命令）

"实体"工具栏：🛢 按钮。创建一个端面为圆或椭圆的圆柱体，如图 12-6 的示例。

指定中心和半径（或直径）创建实体的体。

输入命令后的提示：指定圆柱体底面的中心点或［椭圆(E)］<0,0,0>:。

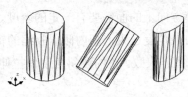

图 12-6　创建圆柱体

图 12-7　创建圆锥体

指定底圆中心。如果选择"椭圆(E)"选项，将定义一个椭圆底面。

在输入半径（直径）或定义底圆后的提示：指定圆柱体高度或［另一个圆心(C)］:。

输入高度值，将创建一个底面与当前 UCS 的 XY 平面平行的圆柱体。也可以通过指定圆柱另一端中心点位置，使圆柱体的底面不在 XY 平面上。

高度可以指定为负值，这样圆柱体将建在 Z 的负坐标域中。

4．圆锥体（CONE 命令）

"实体"工具栏：⬤ 按钮。创建一个底面为圆或椭圆的圆锥体，如图 12-7 所示。创建圆锥体的方法与过程与圆柱体类似。

5．楔体（WEDGE 命令）

"实体"工具栏：◢ 按钮。楔体命令的提示与长方体命令的相同，创建方法与过程也相同，如图 12-8 所示。

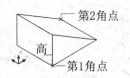

图 12-8　创建楔体

6．圆环体（TORUS 命令）

"实体"工具栏：◉ 按钮。通过指定圆环体的中心和半径（或直径）、圆管半径（或直径）创建圆环体，如图 12-9 所示。

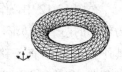

图 12-9　创建圆环体

12.3.2 创建拉伸实体（EXTRUDE 命令）

EXTRUDE 命令（别名：EXT，"实体"工具栏：▥ 按钮），把闭合的轮廓（二维对象）拉伸成三维实体。可以沿对象的高度方向拉伸，或者沿一条指定的路经拉伸。

可以作为拉伸的轮廓：闭合的二维多段线（矩形、多边形、圆环都属于闭合二维多段线）、圆、椭圆、闭合的样条曲线、面域（REGION）。三维对象、包含在块中的对象、有自交的多段线、非闭合多段线不能被拉伸。

如图 12-10 所示是拉伸一个闭合多段线的例子。

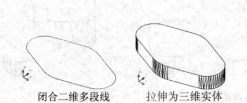

闭合二维多段线　　拉伸为三维实体

图 12-10　拉伸

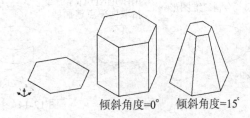

倾斜角度=0°　　倾斜角度=15°

图 12-11　拉伸的倾斜角度

执行命令并选择对象后（一次可以拉伸多个对象），提示：指定拉伸高度或 [路径(P)]：

- **沿高度拉伸**

输入高度（可以是负值），将沿垂直于二维对象所在平面的方向拉伸。

进一步的提示：指定拉伸的倾斜角度 <0>：。

铸造和锻造的零件在起模方向上的面需要有一定的斜度。可以在这里指定拉伸的倾斜角度。注意取合理的倾斜角，如果角度过大，朝内倾斜收缩的轮廓可能在到达所指定的高度之前就已经聚为一点，这将导致拉伸失败。正的倾斜角度使拉伸侧面向实体内倾斜，如图 12-11 所示。

- **沿路径拉伸**

选择"路径(P)"选项。进一步的提示：选择拉伸路径或 [倾斜角]：。

可以作为路径的对象：直线、圆、圆弧、椭圆、椭圆弧、多段线、样条曲线。如图 12-12 所示是沿一条三维多段线拉伸一个圆的例子。

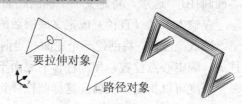

图 12-12　沿路径拉伸轮廓

沿路径拉伸时需要注意：

(1) 轮廓与路径起始端的曲线，必须分处于不同平面。

路径具有方向性。AutoCAD 通常取离轮廓对象较近的一端作为拉伸的起点。因此尽量将轮廓建在路径起点附近就不易拉伸失败。

在图 12-12 中，作为轮廓的两个六边形，其平面分别垂直于路径两端，但路径左端离轮廓较近，其中一个轮

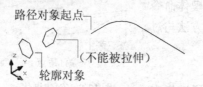
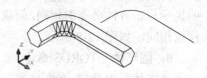

图 12-13　轮廓平面与路径方向

廓平面与路径起始方向平行的六边形就不能拉伸。

(2) 相对于轮廓对象的尺寸，曲线路径的曲率不能过大。否则拉伸面可能会产生干涉而导致拉伸失败。

通过拉伸和旋转（下节讨论）二维对象的方法可以创建轮廓线复杂的实体。如果封闭轮廓不是整体的多段线，可用编辑多段线命令（PEDIT，别名 PE，参见 4.3.2 节）的"合并"选项将它们转换成为整体闭合多段线，或者用"边界"命令（BOUNDARY，别名 BO，参见 5.3 节）拾取封闭区域的内部点，以创建轮廓的闭合多段线或面域。

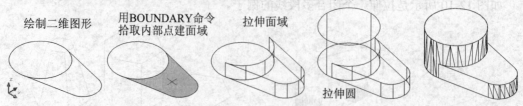

图 12-14　拉伸建模示例

在图 12-14 示例中，底板侧面与圆柱面相切。先绘制二维图形，再通过 BOUNDARY 命

令创建底板轮廓的面域（或多段线），然后拉伸建模。

> DELOBJ 系统变量决定是否保留用于创建拉伸实体的原始对象。DELOBJ 可取的值是 0
> 或 1。值为 1（默认值）时，拉伸后原始对象被删除，值为 0 时将保留原始对象。

> 为了将三维体实体与原始对象和二维对象易于区分，便于操作、管理，应该将三维实
> 体建在专门设置的图层内。

12.3.3 创建旋转实体（REVOLVE 命令）

REVOLVE 命令（别名：REV，"实体"工具栏： 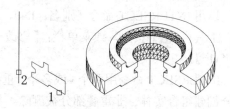 按钮），把闭合的轮廓（二维对象）
绕轴旋转指定的角度创建三维实体。

可以作为旋转轮廓的对象与前一节拉伸轮廓
对象的要求相同：闭合的二维多段线、圆、椭圆、
闭合的样条曲线、面域等。在图 12-15 的示例中，
选定的闭合二维多段线绕指定轴旋转 270°。

三维对象、包含在块中的对象、有自交的多
段线、非闭合多段线不能被旋转。

图 12-15　创建旋转实体

执行 REVOLVE 命令，首先指定轮廓对象（一次只能旋转一个对象），然后要求定义旋
转轴：指定旋转轴的起点或定义轴依照 [对象(O)/X 轴(X)/Y 轴(Y)]:。

可以通过以下途径定义轴：

- **指定旋转轴起点**：指定两点定义轴。轴的正方向从第一点指向第二点。

- **对象(O)**：选择现有的直线或多段线中的单条直线段定义轴。轴的正方向从距离拾取
点较近的端点指向另一端。如图 12-14 示例的拾取位置，使轴的正方向朝上。

- **X 轴(X)/Y 轴(Y)**：以当前 UCS 的 X 轴或 Y 轴作为旋转轴。

定义旋转轴后的提示：
指定旋转角度 <360>:。根据右
手定则判定旋转角正方向。

作为轮廓的对象必须位
于旋转轴的一侧，否则无法
实现旋转，如图 12-16 所示。

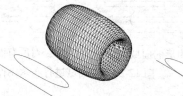

不能旋转

图 12-16　轮廓必须位于轴的一侧

12.3.4 用布尔运算创建组合实体

对已有实体进行布尔运算，即通过并集、差集或交集来组建更复杂的组合实体，是最灵
活、最常用的建模方法。组合实体将创建在第一个被选择的原始实体所属的图层内。

1. 并集（UNION 命令）

调用 UNION 命令（别名：UNI），通过"实体编辑"工具栏： 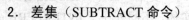 按钮，或菜单栏：【修
改➜实体编辑➜并集(U)】。

UNION 命令可以将两个或多个实体合并，构成
一个组合实体，如图 12-17 将一个圆柱体与一个长
方体合并的示例。

2. 差集（SUBTRACT 命令）

调用 SUBTRACT 命令（别名：SU），通过"实体编辑"工具栏： 按钮，或菜单栏：

图 12-17　并集

【修改➜实体编辑➜差集(S)】。

SUBTRACT 命令从一个实体（或多个实体）中减去另一个（或多个实体），构成一个组合实体。

例如，要在如图 2-18 所示的圆筒上开矩形槽。输入 SUBTRACT 后的提示：

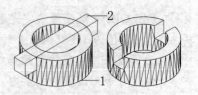

图 12-18　差集

选择要从中减去的实体或面域…

选择对象：　选择圆筒 1，按[Enter]键结束选择

选择要减去的实体或面域 ..　选择长方体 2，按[Enter]键结束选择

3．交集（INTERSECT 命令）

调用 INTERSECT 命令（别名：IN），通过"实体编辑"工具栏：⊙ 按钮，或菜单栏：【修改➜实体编辑➜交集(I)】。

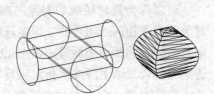

图 12-19　交集

INTERSECT 命令用两个（或多个）重叠实体的公共部分创建组合实体。非重叠部分被删除。如图 12-19 的右边的实体是对两个直径相同，且正交的圆柱体进行交集操作的结果。

4．对面域进行布尔操作

面域（REGION，参见 5.3 节）与一般二维对象或 Surface 曲面对象不同，它可以像实体一样进行并、差、交的运算，因此可以通过布尔操作创建形状复杂的二维面域对象，如图 12-20 的示例。

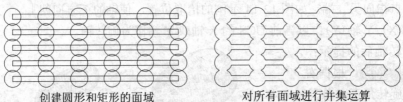

创建圆形和矩形的面域　　　　　　　　对所有面域进行并集运算

图 12-20　对面域进行布尔操作

在实体建模中可以先用差集操作在面域上挖孔，然后通过拉伸或旋转创建带有通孔的三维实体，如图 12-21 的示例。

创建4个面域　　　　　　差集　　　　　　拉伸为三维实体

图 12-21　创建带孔的实体模型

5．干涉（INTERFERE 命令）

调用 INTERFERE 命令，通过"实体"工具栏：▥ 按钮，或菜单栏：【绘图➜实体➜干涉(I)】。"干涉"命令不归纳在布尔运算命令类中，但是同"交集"命令（INTERSECT）相似，可以将重叠实体的公共部分（即干涉部分），创建成实体。不同处在于 INTERFERE 命令

保留完整的原始对象。

INTERFERE 命令主要用于在由多个实体模型组成的装配体之中，检查两组实体集合之间可能存在的干涉。

在图 12-22 的示例中，环 A 的孔径与轴 B 的直径相同。用捕捉圆心的方法移动 A，使其套在的轴上，对应端面重

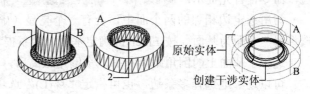

图 12-22　干涉检查

合。如果 1、2 两处的圆角半径不同，就有可能产生干涉。在 INTERFERE 的提示下选取对象后，按[Enter]键（由于只有两个对象，不必再分选择集），这两个对象如果亮显（虚线），表示被检查出有干涉情况。同时提示：

互相比较 2 个实体。　干涉实体数: 2　干涉对数: 1

是否创建干涉实体? [是(Y)/否(N)] <否>:

如果指定"是(Y)"选项，干涉部分在当前层创建为一个实体。

12.4　修改实体模型

为了修改三维实体模型的形状，可以对已有模型作以下编辑：

- 对实体模型作圆角、倒角。
- 剖切实体模型。
- 编辑实体的面、边、体。

12.4.1　对三维实体进行圆角和倒角

FILLET 和 CHAMFER 命令（参见 4.11 节的讨论），不仅用于二维对象，还可以为三维实体的选定边进行圆角或倒角。AutoCAD 自动判别所选择对象是二维还是三维，给出不同的提示。

1.　圆角

调用 FILLET 命令（"修改"工具栏：　按钮）后，如果选定的是三维实体上的一条边，命令行提示：输入圆角半径:。指定半径后又提示：选择边或 [链(C)/半径(R)]:。

可以逐一选择要圆角的边，按[Enter]键后进行圆角，如图 12-3 和 12-24a)、b)的示例。

图 12-23　对实体进行圆角　　　　图 12-24　选择边或链边

如果指定"链(C)"选项，可以在连续相切的链边中仅选定其中任意一段，就实现连续的圆角，如图 12-24b)、c)的示例。

2.　倒角

对三维实体对象进行倒角，必须指定基面，只能对基面上的边进行倒角。

调用 CHAMFER 命令（"修改"工具栏：　按钮）后，如果选定的是三维实体的一条

边，命令行首先提示： 基面选择...　　输入曲面选择选项 [下一个(N)/当前(OK)] <当前>:。

与所选定边相邻的两个面中，会有一个亮显（虚线），表示为基面。如果输入"N"则选择另一个面为基面。按[Enter]键确定基面，接着提示： 指定基面的倒角距离:。

选择了基面上的倒角距离和另一个倒角距离后，又提示： 选择边或 [环(L)]:。

可以逐一地选择多条边，也可指定"环(L)"选项，一次选择环绕基面的所有边，如图12-25 的示例。

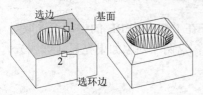

图 12-25　对实体进行倒角

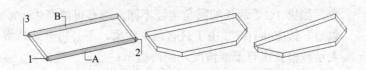

图 12-26　用倒角方法切角

如图 12-26 的示例，对一块长 100，宽 50 的薄板切角。执行 CHAMFER 命令，选择角上的边 1，并选定侧面 A 为基面。指定倒角的两个距离为 20 后，依次选择边 1、2，切掉两个角。然后重复 CHAMFER 命令，选择边 3，并选定侧面 B 为基面。在"指定基面的倒角距离"的提示下输入"100"，在"指定其他曲面的倒角距离"的提示下输入"20"，便切成一条斜边。

12.4.2　剖切和截面

SLICE 命令可以切开现有实体，剖切实体保留原实体的图层和颜色特性。SECTION 命令创建实体上指定位置处的截面。

1．对三维实体剖切

调用 SLICE 命令（别名：SL），通过"实体"工具栏： 按钮，或菜单栏：【绘图➜实体➜剖切(L)】。选择实体对象后提示：

指定切面上的第一个点，依照 [对象(O)/Z 轴(Z)/视图(V)/XY 平面(XY)/YZ 平面(YZ)/ZX 平面(ZX)/三点(3)] <三点>:

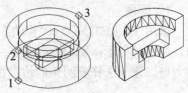

图 12-27　剖切

剖切实体的默认方法是：先指定三点定义剪切平面，然后指定要保留的部分，如图 12-27 的示例。

也可以通过其他方法定义剖切平面：

- **对象(O)**：指定圆、椭圆、二维多段线等二维对象，剖切平面与之对齐。

- **Z 轴(Z)**：在剖切平面上指定一点，过该点在剖切面的 Z 向上指定另一点来定义剖切面。

- **视图(V)**：剖切面与当前视图平面平行，其位置由指定一点确定。

- **XY/YZ/ZX 平面**：剖切面与当前 UCS 的 XY/YZ/ZX 平面平行，其位置由指定点确定。

2．创建截面

调用 SECTION 命令（别名：SL），通过"实体"工具栏： 按钮，或菜单栏：【绘图➜实体➜截面(E)】。

SECTION 命令提示与 SLICE 命令类似。定义截切平面后，并不切开对象，而是创建对象在截平面位置的截面，如图 12-28 的示例。所创建的截面是面域对象。

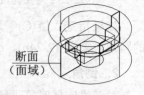

断面
（面域）

图 12-28　截面

12.4.3 编辑实体的面

SOLIDEDIT 是编辑实体命令，它的各个选项提供对实体的面、边、体三种类型的编辑。通过"实体编辑"工具栏（图 12-1）直接调用该命令的某个编辑项目较为方便。

可以对实体的面进行拉伸、移动、偏移、删除、旋转、倾斜、复制、着色。

1．选择面

对实体的面进行编辑时，提示要求选择面。此时，如果拾取实体的一条边，AutoCAD 将同时亮显（虚线）两个相邻的面。如果在面的边界内拾取一点，则一次选择一个面。

有时，在第一次拾取时就能选中想要选择的面很困难，因为三维实体的面在视图中总是会有重叠的。在面的闭合边界内拾取一点时，AutoCAD 首先亮显的是离观察者较近的一个面，第二次拾取时，才亮显后面的面。

可以通过向选择集添加面，或者从选择集中移去不需要的面，来正确建立选择集。

编辑实体面的命令都会有提示：选择面或[放弃(U)/删除(R)/全部(ALL)]:。

- **选择面**：选择向选择集增加的面。
- **放弃(U)**：撤销上一次选择操作。
- **删除(R)**：从选择集中移去面。
- **全部(ALL)**：选择全部面。

选择"删除(R)"选项后，命令行提示成为：删除面或 [放弃(U)/添加(A)/全部(ALL)]

- **删除面**：选择要从选择集中移去的面。
- **添加(A)**：向选择集中增加面。

也可以通过输入"C"（窗交）、"WP"（圈交）或"F"（栏选）的方法来选择面（参见2.5 节，有关选择对象的讨论）。

2．拉伸面

"实体编辑"工具栏： 按钮。

选定了要编辑的面后提示：指定拉伸高度或 [路径(P)]:。

拉伸实体面的操作就像用 EXTRUDE 命令拉伸二维对象一样。

将选定的三维实体对象的面，沿高度方向（面的法向）拉伸，一次可以拉伸实体上的多个面。如果输入正值，则沿面的法向拉伸，如果输入负值，则沿面的反法向拉伸。还可以指定拉伸的倾斜角度。如图 12-29 所示为沿高度拉伸实体面的示例。也可以沿一条指定的路经拉伸，如图 12-30 的示例。

不能拉伸实体上的曲面。

按两次[Enter]键退出命令（以下各编辑项目同）。

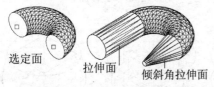

图 12-29 指定高度拉伸实体面   图 12-30 指定路径拉伸实体面

3．移动面

"实体编辑"工具栏： 按钮。

选定了要编辑的面后的提示和操作，都与 MOVE 命令相同。

如图 12-31 所示，通过移动面改变了一个椭圆孔在平板上的位置。如图 12-32 所示通过移动长圆槽的一端的曲面改变了槽的长度。

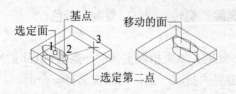

图 12-31 移动实体的面（一）

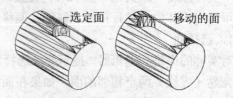

图 12-32 移动实体的面（二）

4．偏移面

"实体编辑"工具栏：□ 按钮。

按指定的距离或通过指定的点，将实体上选定的面沿法向偏移。正值朝实体外部偏移（增大实体体积），负值朝实体内部偏移（减小实体体积）。

在图 12-33 所示中，拾取圆柱孔的边，同时选定了顶面和圆孔面，两个面一起被偏移。

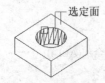
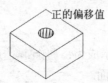

图 12-33 偏移实体的面

图 12-34 删除实体的面

5．删除面

"实体编辑"工具栏：▨ 按钮。

常用于从一个实体中删除孔洞、圆角和倒角，如图 12-34 的示例。

6．旋转面

"实体编辑"工具栏：▧ 按钮。

选定了要编辑的面后的提示何操作，都与三维旋转（ROTATE3D 命令）相似，首先定义旋转轴：指定轴点或[经过对象的轴(A)/视图(V)/X 轴(X)/Y 轴(Y)/Z 轴(Z)] <两点>：

默认为指定两点定义旋转轴。

如图 12-35 的示例，用旋转实体面来改变内部孔的方向。

图 12-35 旋转面

7．倾斜面

"实体编辑"工具栏：▧ 按钮。

选定了面后的提示：

指定基点：

指定沿倾斜轴的另一个点：

指定倾斜角度：

指定角度将面进行倾斜。倾斜角

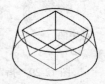

选圆柱面和方孔侧面　　指定基点和沿倾斜轴的另一点　　倾斜10°的面

图 12-36 倾斜面

度的旋转方向由指定的第一点（基点）和第二点的顺序决定。正的角度值将往实体内部倾斜面，负角度将往外倾斜面。

如图 12-36 的示例，沿高度方向倾斜圆柱面和方孔的各面。需要用本节开头讨论的选面的方法选定所有侧向的面。该例要求倾斜所有侧面，因此也可以在与侧面垂直方向的视图上，用窗交的方法选中全部侧面。先将视图变换到主视方向上（图 12-37），输入"c"，用窗交选面。

图 12-37　窗交选面

8．复制面

"实体编辑"工具栏：按钮。

将选定实体的面复制为面域或体。选定了面后的提示和操作，都与 COPY 命令相似。

在图 12-38 的示例中，圆台的顶面被复制成面域，锥面被复制成体。

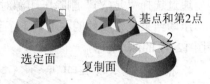

选定面　　　复制面

图 12-38　复制面

9．着色面

"实体编辑"工具栏：按钮。

可以为实体上的面分配颜色，使之美观或便于观察，如图 12-39 的示例。

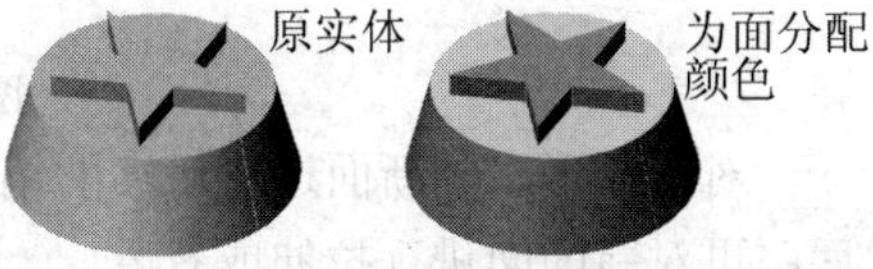

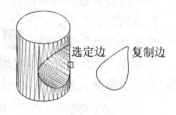

原实体　　　为面分配颜色

12.4.4　编辑实体的边

可以修改实体的边的颜色，或复制实体的边。

图 12-39　着色面

1．复制边

"实体编辑"工具栏：按钮。

选定实体的边后的提示何操作，都与 COPY 命令相似。根据选定实体边的形状，被复制为直线、圆弧、圆、椭圆或样条曲线。如图 12-40 的示例，圆柱上圆孔的边被复制成三维的样条曲线。

选定边　　复制边

2．着色边

"实体编辑"工具栏：按钮。

更改边的颜色。

图 12-40　复制边

12.4.5　编辑体

所谓"编辑体"，就是编辑实体的本体。编辑体的操作主要包括在实体上压印几何图形，将属于同一个实体的分离体分割为独立的实体对象，将实体抽壳成薄壁的模型。

1．压印

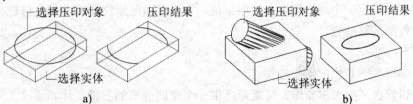

选择压印对象　　　压印结果　　　　选择压印对象　　　压印结果

选择实体　　　　　　　　　　　选择实体

a)　　　　　　　　　　　　　　　b)

图 12-41　压印

"实体编辑"工具栏：![按钮] 按钮。

所谓"压印"（Imprint），就是在选定实体对象的表面上，印上一个压印对象与之相交形成的曲线或直线。被压印的对象可以是圆、圆弧、直线、多段线、椭圆、样条曲线、面域、体和三维实体。被压印的对象必须在选定实体的面上，或者与选定实体的一个或多个面相交。

命令行提示：

选择三维实体：

选择要压印的对象：

是否删除源对象 [是(Y)/否(N)] <N>：

通过选择"是(Y)"删除压印源对象，也可以按[Enter]键保留源对象，以备后用。

压印结果是在实体的面上留下了新的边。原来的面通常被新的边分成了几个较小的面。如图 12-41 的两个示例。

图 12-42　编辑压印形成的面

对压印形成的新面进行后续的编辑，是压印的主要目的。如图 12-42 的两个示例，压印后，再对新的面进行拉伸或着色。

2．清除

"实体编辑"工具栏：![按钮] 按钮。

删除所有多余的边和顶点，如压印后形成的不使用的边。

3．抽壳

"实体编辑"工具栏：![按钮] 按钮。

"抽壳"是将已有三维实体创建成中空薄壁的模型，它将现有面偏移其原位置来创建新的面来形成薄壁。如图 12-43 的示例。

图 12-43　抽壳

选择三维实体后提示：删除面或 [放弃(U)/添加(A)/全部(ALL)]：。

选定的删除面将形成薄壁模型的开口。按[Enter]键结束选面，提示：输入抽壳偏移距离：。

要为所有面指定一个薄壁厚度。指定正值，将现有面向原位置的内部偏移进行抽壳，指定负值则向外部偏移抽壳。

4．分割

"实体编辑"工具栏：![按钮] 按钮。

某些编辑修改（如布尔操作）可能会产生一个空间分离的三维实体。通过"分割"可以将不相连的一个三维实体对象分为几个独立的三维实体对象。分割后的独立实体将保留原来的图层和颜色。

12.5 查询实体的质量特性

工程应用上可能需要计算对象的一些几何和质量性质。MASSPROP 命令用于查询面域和三维实体的这些性质。

菜单栏【工具➜查询➜面域/质量特性(M)】，或"查询"工具栏: ![按钮图标] 按钮。

指定实体后，AutoCAD 开启文本窗口，列出实体的质量、体积、边界框、质心、惯性矩、惯性积等。AutoCAD 假设实体的密度为 1 进行有关计算。

改变 UCS 或移动、旋转实体会得到不同的计算结果。查询前应该将 UCS 原点移到适当的位置，如移到质心处或假想旋转轴上，以便得到有用的数据。

在二维绘图中如果要计算一个截面图形的几何性质，包括面积、惯性矩、惯性积等，可以先将图形创建成面域对象，再用 MASSPROP 命令查询。

思 考 题

1. 实体建模能否完全替代曲面建模，为什么？
2. 用什么系统变量控制实体表面的光滑？
3. 曲面模型能否用布尔操作？
4. 拉伸和偏移实体面有什么不同？旋转和倾斜实体面有什么不同？
5. 抽壳实体得到的壁厚处处是相同的，如果需要有不同壁厚，该怎么办？

练 习 题

按给定尺寸创建实体模型：

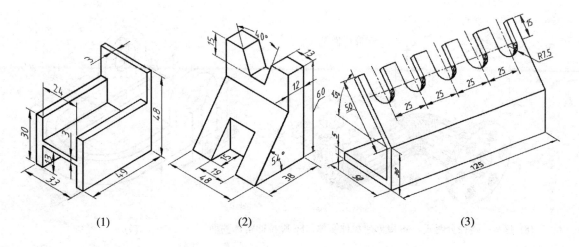

(1) (2) (3)

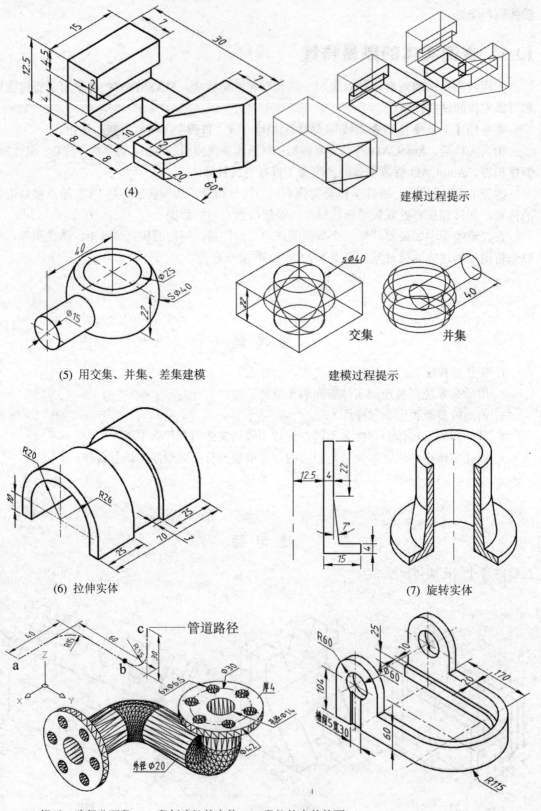

(4)   建模过程提示

(5) 用交集、并集、差集建模   建模过程提示

(6) 拉伸实体   (7) 旋转实体

(8) 提示：路径分两段。ab 段创建拉伸实体，bc 段拉伸实体的面   (9)

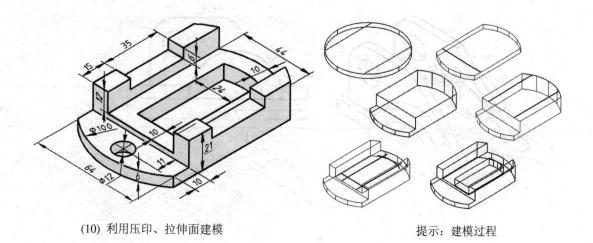

(10) 利用压印、拉伸面建模

提示：建模过程

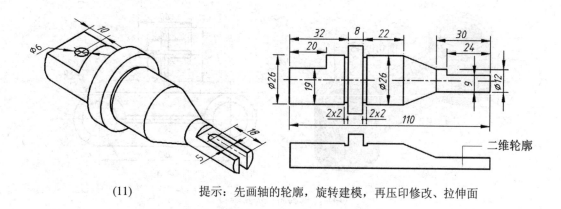

(11)　　提示：先画轴的轮廓，旋转建模，再压印修改、拉伸面

二维轮廓

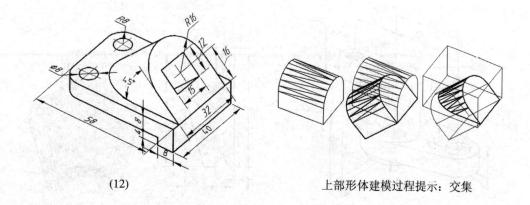

(12)　　上部形体建模过程提示：交集

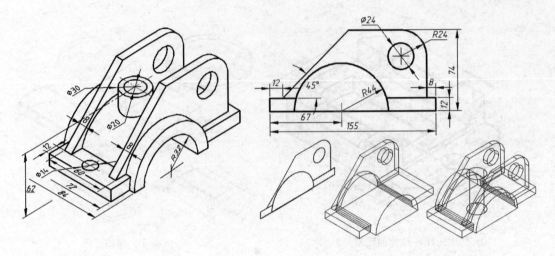

(13)   建模过程提示：画轮廓、建面域、拉伸建模、移动等

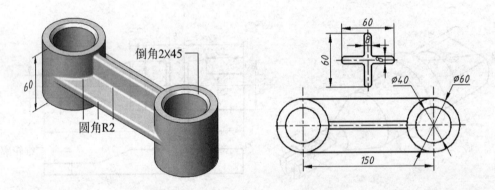

(14) 三维圆角、倒角练习

提示：建模后，先对十字筋板各棱边作圆角，然后对其与圆柱连接的交线作圆角（用"边链"选项）。

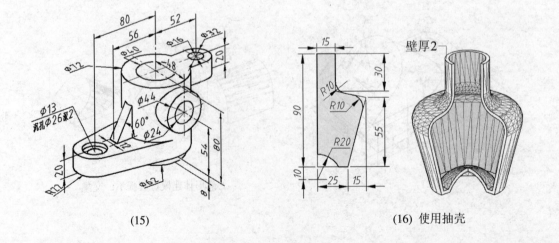

(15)   (16) 使用抽壳

第 13 章 渲染三维模型

13.1 渲染概述

创建三维模型后，为了获得具有立体感的图形，可以通过消隐、着色或渲染对模型进行处理，如图 13-1 所示。

图 13-1 不同显示模式的效果

在着色显示模式下，AutoCAD 开启一个内置的光源（它的位置大致在观察者的左肩上），三维对象的曲面呈现渐变过渡的明暗变化，模型看上去有一定的真实感。但是在着色模式下所有模型的表面只具有相同的质感（像漆面的木模），而且内置光源的参数和位置是不能设置和变动的。

在渲染中，用户可以添加和调整光源，可以将材质附着在对象表面，使模型表面有质感（如粗糙、光洁、透明），更具真实感。还可以为渲染设置背景、放置配景、雾化等等。可以将渲染结果输出为高分辨率的位图文件。

AutoCAD 的渲染有三种类型：

- 一般渲染
- 照片级真实感渲染
- 照片级光线跟踪渲染

一般通过"渲染"工具栏调用与渲染相关的命令，如图 13-2 所示。或者使用菜单栏【视图➔渲染】下的子菜单。

消隐 场景 材质 贴图 雾化 系统配置 统计信息

渲染 光源 背景 配景库
　　材质库 新建配景 编辑配景

图 13-2 "渲染"工具栏

13.2 设置光源

13.2.1 光源种类

渲染时，图形中已有无方向性、无特定光源的环境光。为了模拟真实环境，必须先添加若干新光源。AutoCAD 提供了三种类型光源：

- **点光源**：从空间一点向四周发光，类似灯泡。
- **聚光灯**：从空间一点向目标方向照射，作用范围在一个锥形区里。
- **平行光**：光线平行，如同光源在极远处，类似太阳光。

要为每个光源设置：位置、强度、颜色、衰减方式、阴影等。

13.2.2 阴影设置

渲染时三维模型在光源照射下可以产生阴影。有三种阴影：

- **体积阴影**："照片级真实感渲染"可以生成体积阴影。渲染程序计算对象阴影所形成的投影所占的空间体积（容积），并基于该体积产生阴影。体积阴影有边缘，但阴影的轮廓是近似的。透过透明或半透明对象形成的体积阴影是有颜色的阴影。

●光线跟踪阴影："照片级光线跟踪渲染"可以产生光线跟踪阴影。渲染程序通过追踪从光源采样得到的光线而产生阴影。这种阴影有精确的轮廓，也可以透过透明或半透明对象产生有颜色的阴影。

●阴影贴图："照片级真实感渲染"和"照片级光线跟踪渲染"都可以产生阴影贴图。这种阴影边缘柔和，并可以调整柔和度。可以设置所产生的阴影贴图的大小（阴影贴图的像素数），阴影贴图越大，其精度越高。

阴影会增加渲染的时间，尤其是大尺寸的阴影贴图花费时间比较多。对于简单的三维对象，体积阴影的渲染速度较快。而对于具有大量面的复杂三维对象，光线跟踪阴影可能会比体积阴影的渲染速度快。

如图 13-3 所示是阴影贴图和光线跟踪阴影的效果比较。

阴影贴图　　　阴影贴图　　　光线跟踪
贴图尺寸小　　贴图尺寸大　　　阴影

图 13-3　　阴影效果比较

要在渲染时产生阴影，需要在两处开启阴影选项，一个是在设置光源的阴影对话框中，另一个在"渲染"对话框。

13.2.3　新建或修改光源

要新建或修改光源，执行 LIGHT 命令（"渲染"工具栏 ![icon] 图标，或菜单栏【视图➔渲染➔光源(L)】）。该命令打开"光源"对话框，如图 13-4 左所示。

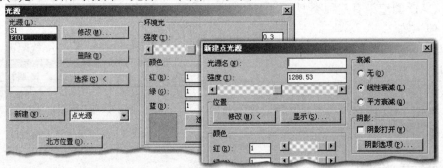

图 13-4　"光源"和"新建点光源"对话框

"环境光"区域，设置环境光强度和颜色。

要修改已有光源，在左边"光源"列表框，选择一个光源，单击 修改(M) 。

要新建光源，在"新建"列表框选择光源类型，然后单击 新建(N) 按钮，在下一步出现的对话框中对光源进行设置。

1.点光源

"新建点光源"对话框如图 13-4 所示。"修改点光源"的对话框内容与之相同。

●光源名：必须替新建光源命名。

●强度：渲染后才能看到光源的实际效果，所以要多次试验才能确定合适的光源强度。

●颜色：光源的默认颜色是白色，可以通过滑块调整各基色的比例改变颜色，也可单击预览色框右边的按钮，从"选择颜色"对话框指定颜色。

●位置：新建点光源的默认位置在当前 UCS 的 XY 平面上，并且位于视图的正中央。单

击 显示(S) 按钮，可以查看光源点的坐标。单击 修改(M)< 按钮，命令行提示： 输入光源位置 <
当前>，可以用光标在视图中指定新位置，或者在命令行输入新位置的坐标。

> 用光标在屏幕上拾取一点的 Z 坐标是 0，因此一般不宜在三维投影的视图中直接用光
> 标指定光源位置。可以先在俯视图指定光源的投影位置（X、Y 坐标），然后再次修改
> 光源位置，通过输入相对坐标的方法改变其 Z 坐标值。

- **衰减**：设置光强度衰减的方式。
- **阴影**：只有勾选"阴影打开"复选框，渲染时该光源
才可能产生阴影。

单击 阴影选项(P) 按钮，打开"阴影选项"对话框，如图
13-5 所示。设置阴影的种类和参数。

图 13-5 阴影选项

2．**聚光灯**

"新建（或修改）聚光灯"对话框如图 13-6 所示。

聚光灯的颜色、强度、阴影等项目的设置与点光源相同。

- **位置**：聚光灯与点光源的的区别在于聚光灯有照射的方向，因此除了需要指定光源位
置，还要确定照射目标点的坐标。单击"位置"区域的 修改(M) 按钮，命令行提示： 输入光源
位置<当前>。指定光源位置后，接着提示： 输入光源目标<当前>，光从从光源射向目标点。锥
形的光照范围
- **聚光角和照射角**：聚光灯照亮的区域到照射不到的黑暗区之间有一个逐渐变暗的环形
过渡区，通过指定锥形光束的聚光角和照射角调整聚光区和过渡区的大小。照射角必须大于
或等于聚光角。这两个角越接近，光束边缘越清晰。

图 13-7 为聚光灯照射下的渲染效果。

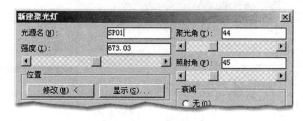

图 13-6 新建聚光灯

图 13-7 聚光灯的渲染效果

3．**平行光**

渲染中，常用平行光模拟阳光。
"新建（修改）平行光"对话框如图
13-8 所示。

平行光的颜色、强度、阴影的设
置与点光源、聚光灯相同。平行光无
衰减选项。

- **方位角、仰角**：用太阳的方位
角和仰角指定平行光源的位置。方位
角是基于大地测量坐标的，以正北为
0°，东方为 90°。默认情况，正北

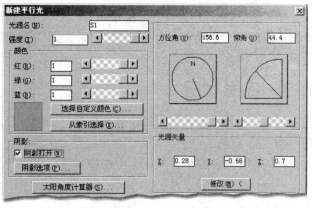

图 13-8 新建平行光

方是世界坐标系（WCS）中的 Y 轴的正方向。可以通过输入角度或使用滚动条改变方位角和仰角值，也可单击示图上的位置来改变它们。

- **光源矢量**：直接输入以 X、Y、Z 值表示的平行光的方向矢量。
- **太阳角度计算器**：打开"太阳角度计算器"对话框，如图 13-9 所示。通过指定日期、时间、时区和经纬度，计算太阳的方位和高度。

如果不清楚经纬度，可以在"地理位置"对话框的"城市"列表框或地图上指定最近的大城市。

图 13-9 太阳角度计算和地理位

创建光源时，程序将在图形中插入一个光源块以显示光源的类型和位置。也可通过移动光源块来改变光源位置。如图 13-10 所示为光源块图形，它们自身图形的尺寸极小（仅零点几），可以改变其尺寸比例（在"渲染"对话框）。图形上显示的文字是光源名。

图 13-10 光源块图形

为了获得满意的渲染效果，需要反复调整光源的位置和强度，通常要经过多次渲染试验。

13.2.4 场景

所谓"场景"，是视图与光源的组合。可以为同一个视图创建多个场景，每个场景配置不同的光源。可以将创建的场景命名保存，在需要时调用，以避免重复做光源和视图的设置工作。

要新建场景或修改已有场景，执行 SCENE 命令（"渲染"工具栏 ▦ 图标，或菜单栏【视图➔渲染➔场景(S)】）。该命令打开"场景"对话框，如图 13-11 所示。

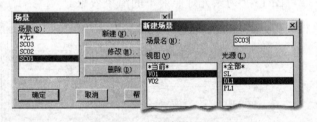

图 13-11 光源块图形

单击 新建(N) 按钮，打开"新建场景"对话框，如图 13-11 所示。为场景命名，然后在已命名视图选择一个或选择当前视图，在"光源"列表框选择光源。使用[Ctrl]键可以选择多个光源。

13.3 应用材质

为了使三维模型在渲染时具有真实感，必须将合适的材质附着在模型的表面。应用材质有两个主要步骤：

- 创建材质，或者在材质库中选择材质，将材质添加到图形文件。
- 将材质附着于对象。

13.3.1 使用材质库

AutoCAD 提供的材质库文件 (render.mli) 中备有大量材质,用户可以从中选择预定义材质输入当前图形文件直接使用,或修改后使用,而无需从头开始创建。

单击"渲染"工具栏 图标 (MATLIB 命令),打开"材质库"对话框,如图 13-12 所示。其右边的列表是当前材质库中的全部材质。通过 预览(P) 按钮观察选取的材质样本。

在当前库中选择材质(使用[Ctrl]键可以选择多个),单击 <-输入(I) 按钮,左边"当前图形"列表中即显示已输入的材质。

使用 输出(E)-> 按钮,可以将图形中创建的材质保存到材质库文件。使用 删除(D) 按钮,可以从图形中删除指定的材质。使用 清理(E) 按钮,从图形中删除所有未使用的材质。使用"当前图形"区的 另存为(S) 按钮,可以将

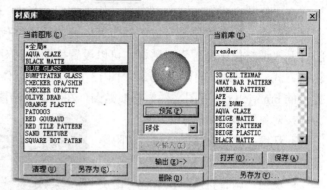

图 13-12　材质库

图形中的材质命名保存为库文件。使用"当前库"区的 另存为(V) 按钮,可以将右边列表中的材质命名另存为库文件。

13.3.2　创建材质

1．新建材质

可以修改一个已有材质,或者从头开始创建一个全新的材质。

RMAT 命令("渲染"工具栏: 图标,或菜单栏【视图➔渲染➔材质(M)】),打开"材质"对话框,如图 13-13 所示。

在 新建(N) 按钮下的下拉列表中有标准材质、花岗石、大理石和木材四种材质类型。后三种材质呈现的纹理都是由程序根据所设置的参数值计算而得的模拟图案。标准材质没有纹理,但可以指定贴图使模型表面呈现纹理或图案。

新建材质时必须指定一种类型。单击 新建(N) 按钮,打开相应的新建材质对话框。不同材质具有不同的属性项目。

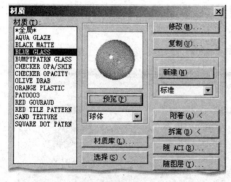

图 13-13　"材质"对话框

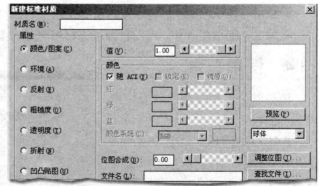

图 13-14　"新建标准材质"对话框

2．标准材质

大多数材质都可以用标准材质来创建。"新建标准材质"对话框如图 13-14 所示。在"属

性"区域,列有标准材质的属性。选择要设置或修改的属性,然后设置其值。

- **颜色/图案**:指定材质的基本颜色(慢反射色)。若勾选"随 ACI"(ACI:AutoCAD 颜色索引),材质使用对象自身的颜色。取消对"随 ACI"的选择,就可以使用"颜色"区域的多种方法指定颜色。通过"值"调整颜色的亮度。

在"位图合成"区域单击 查找文件(J) 按钮,指定一个位图图形文件为材质贴图,它将覆盖材质颜色。改动"位图合成"的值可以调整贴图替代颜色的比例。单击 调整位图(I) 按钮,将打开"调整位图位置"对话框,可以设置位图贴到对象上时,贴图原点的偏移量、贴图的排列方式、位图大小的比例。例如,图 13-15 左图的墙体模型使用了标准材质,指定 AutoCAD 提供的 brnbricb.tga 位图文件为材质贴图,在"调整贴图位置"对话框中,将"贴图样式"设为"按对象缩放",比例设为 2。

- **环境**:调整材质的环境色(阴影部位的颜色)。

- **反射**:调整材质的反射色(由反射形成的高光部位的颜色)。

- **粗糙度**:调整材质的粗糙度,粗糙度影响材质高光反射的强弱。

带贴图的标准材质   带凹凸贴图的标准材质

图 13-15   材质贴图和凹凸贴图

- **透明度**:通过调整透明度创建透明或半透明材质。图 13-1 的渲染示例中,瓶子模型使用了通明的材质。

- **折射**:调整透明或半透明对象的折射程度。

- **凹凸贴图**:指定了凹凸贴图的材质,会使对象表面会产生凹凸不平的效果。如图 13-15 右图使用的材质,除了用 brnbricb.tga 为材质贴图,还指定 grybrick.tga 为凹凸贴图(本例凹凸贴图的合成比例为 0.3)。并将其大小比例等各选项和参数调整得与材质贴图的完全相同。

13.3.3   附着材质

创建了新材质、修改了材质或向图形输入材质后,就可以将材质附着在对象上。有以下几种附着材质的方法:

- 单击"材质"对话框的 附着(A) 按钮,然后选择对象。
- 单击"随 ACI(B)",可以按对象的颜色来附着材质。
- 单击"随图层(Y)",可以按图层将材质附着对象。

13.4   使用背景

渲染时可以指定颜色或图片作为图形的背景。

BACKGROUND 命令("渲染"工具栏: ![icon] 图标,或菜单栏【视图➔渲染➔背景(B)】),打开"背景"对话框,如图 13-16 所示。

首先选择背景的类型:

- **纯色**:单色背景。取消对

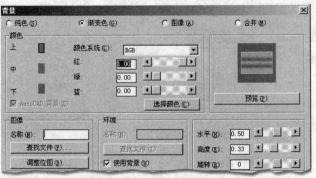

图 13-16   "背景"对话框

"AutoCAD 背景"的勾选，就可以指定其他颜色。

- **渐变色**：三色或双色渐变色背景。对话框右下角的"水平"用于设置渐变色中心的水平位置，"高度"用于确定中间颜色的位置，如果高度值为 0，即显示为双色渐变。"旋转"用于旋转渐变方向。
- **图像**：指定位图为背景。

在"图像"区域指定一个位图图形文件。可以调整背景位图的位置、比例、排列方式。

在"环境"区域指定一个位图文件，可以在透明材质对象上产生镜面反射和折射效果。一般勾选"使用背景"，与背景用同一个位图，这样对象上反射或折射的图像与背景相匹配，如图 13-17 所示的是模拟水晶球的折射效果。

图 13-17　折射效果

- **合并**：用当前的渲染图形，作为再次渲染的背景。

13.5　雾化效果

雾气会产生距离感。渲染时使用雾化，可以使背景和远处的对象显得朦胧，如图 13-18 的示例。

FOG 命令（"渲染"工具栏：  图标，或菜单栏【视图➔渲染➔雾化(F)】），打开"雾化/深度设置"对话框，对雾化参数进行设置。

可以指定雾的颜色。一般应使用白色的雾，黑色的雾可以模拟夜色效果。还需要设置雾化的起始和终止位置和雾化程度。

图 13-18　雾化

13.6　使用配景

配景是在渲染的景色中添加的林木、行人等小物景，如图 13-19 中的配景树。AutoCAD 已提供了一个配景图形库(render.lli)。

图 13-19　配景

LSNEW 命令（菜单栏【视图➔渲染➔新建配景(N)】，或者"渲染"工具栏： 图标），打开"新建配景"对话框，如图 13-20 所示。

图 13-20　新建配景

其左边列出了默认配景库中的配景，可以选择后预览。

- **高度**：设置配景在图形中的高度尺寸。
- **位置**：在图形中指定放置配景的位置。
- **几何图形**：选择"跨越表面"，配景从两面都能被观察，"单面"的只有正面可见，但可以渲染速度较快。"对齐浏览"使配景的方向总是朝向观察者。

插入后的配景也是对象，可以像一般对象一样进行编辑操作。利用夹点对配景进行移动、缩放比较方便。配景对象显示为三角形或矩形的线框，渲染后才能看到配景的图像。

13.7　渲染

为渲染做好以上各项准备，调整好视图后，就可以进行渲染了。

RENDER 命令（菜单栏【视图→渲染→渲染(R)】，或者"渲染"工具栏：![icon]图标），打开"渲染"对话框，如图 13-21 所示。主要内容有：

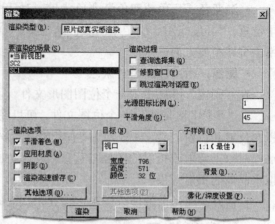

• **渲染类型**："一般渲染"是速度最快、最简单的渲染类型。这种渲染忽略贴图、透明度等材质属性，不支持聚光灯，不生成阴影。"照片级真实感渲染"支持材质属性中使用的贴图和透明材质，可以产生贴图阴影或体积阴影。"照片级光线跟踪渲染"的最大特点是使用光线跟踪产生反射、折射（不是由贴图产生），可以产生精确的阴影。

图 13-21 "渲染"对话框

• **渲染过程**：在试验性渲染中，为了节省时间，可以勾选"查询选择集"复选框，只对一个或几个选中对象进行渲染。也可以勾选"修剪窗口"复选框，指定一个矩形范围进行渲染。

• **渲染选项**：勾选"应用材质"复选框，才能在渲染时使用附着在对象上的材质。只有勾选"阴影"复选框，渲染时才能使开启了阴影的光源产生阴影效果。

• **目标**：指定渲染结果输出的目标。默认将渲染结果输出到当前视口，也可以输出到"渲染"窗口或文件。如果要将渲染结果直接保存为位图文件，还需要单击 其他选项(P) 按钮，进一步指定位图文件的格式、图形的像素（分辨率）、颜色位数。

练 习 题

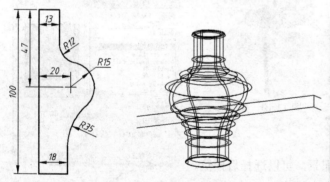

1）按尺寸绘制轮廓，用旋转和抽壳创建花瓶模型。将其放置在一个 300×300×10 的平板上。

2）花瓶的材质：默认材质库的"Blue glass"，修改其透明度为 0.75。

3）平板的材质：新建标准材质。图案贴图和凹凸贴图都用位图 ashsen.tga（木纹图片，在…\textures 文件夹中）。凹凸贴图的位图比例为 0.2。两种贴图的位图位置、大小必须相同，都调整为"按对象缩放"、"平铺"，U 向比例为 1，V 向比例为 4。

4）灯光：新建平行光源 1，强度 0.9，方位-135°，仰角 45°。新建平行光源 2，强度 0.4，方位 140°，仰角 55°，两个光源都开启并选择光线跟踪阴影。

5）背景：选择位图文件 cloud.tga。

调整好视图（接近东南轴测方向），采用照片级光线跟踪渲染。

第 14 章 从三维实体模型到工程图

14.1 概述

工程上，使用基于正投影原理的多面视图的图样。在 AutoCAD 中，完成了零件的三维实体模型后，可以直接转化成多面视图或剖视图，而无需再另外绘制二维的轮廓投影图形。

从三维实体生成平面视图的工作，是在"布局"选项卡中进行的。要打印的图纸幅面就是布局的尺寸，图样的多个视图就是布局上的多个"视口"。

有关模型空间、图纸空间、布局、视口的基本知识已经在第 9 章讨论。

AutoCAD 提供了三个专用命令，用于将三维实体转化成二维的投影图形，它们是：

图 14-1 "实体"工具栏
上的三个命令

- SOLVIEW：创建正交投影方向的基本视图、剖视图或斜视图的视口。
- SOLDRAW：在用 SOLVIEW 创建的视口中生成三维实体轮廓的投影视图或剖视图。
- SOLPROF：在用其他命令创建的视口中生成实体的投影轮廓线。

它们的工具栏按钮，在"实体"工具栏末尾，如图 14-1 所示。也可以用菜单栏：【绘图➡实体➡设置➡…】调用这三个命令。

14.2 在布局中创建多面视图

以一个实体模型为例，讨论在布局中创建多面视图的方法和步骤。

在模型空间完成如图 14-2 所示的三维实体建模的工作（具体尺寸见图 14-10）。单击一个"布局"选项卡标签，便进入布局的图纸空间。

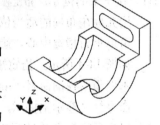

图 14-2 建实体模型

14.2.1 设置图纸尺寸

布局就是打印的图纸页面，因此首先必须指定当前打印设备和使用的图纸幅面。

通过菜单栏【文件➡页面设置管理器(G)】（也可以右击一个布局的标签，使用快捷菜单），从"页面设置管理器"的列表中选择页面（即布局）名，单击 修改(M) 按钮，打开"页面设置"对话框。指定已安装的打印设备和它所支持的图纸尺寸。

如图 14-3 中所指定的"DWF6 ePlot . pc3"，是使用 AutoCAD 虚拟的电子打印 ePlot。打印结果生成电子图形文件，以 DWF 格式存储。主要供网上发布，可以用 Autodesk DWF Viewer 等程序观看。

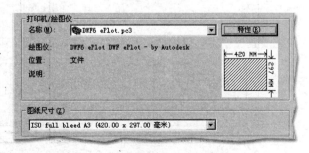

图 14-3 为页面指定打印机和图纸

14.2.2 用 SOLVIEW 命令创建视口

1．创建初始视口

首次进入一个布局时，AutoCAD 会自动创建一个视口。如果不符合要求，可以选中视口框将其删除（必须在图纸空间操作），以便从头开始安排视图。

调用 SOLVIEW 命令（"实体"工具栏：▦ 按钮），在命令提示的引导下创建视图。

SOLVIEW 命令的主提示是：输入选项 [UCS(U)/正交(O)/辅助(A)/截面(S)]: 。

选项说明：

- **UCS（U）**：创建相对于用户坐标系的投影视图。
- **正交（O）**：创建一个与现有视图投影方向正交的视图。
- **辅助（A）**：指定辅助投影平面，从现有视图中创建一个斜视图。
- **截面（S）**：在现有视图上指定剖切平面，创建一个剖视图。

如果布局中无视口，应选择"UCS"选项创建初始视口。下一步提示：输入选项 [命名(N)/世界(W)/?/当前(C)] <当前>: 。

新建的视口，其视图平面平行于 XY 平面，X 轴水平向右，Y 轴垂直向上，是俯视图，因此需要指定一个 UCS。本例选择"世界(W)"选项，创建世界坐标系中的俯视图。下一步提示：输入视图比例 <1>: 。

这里输入的比例，等价于在浮动视口内执行 ZOOM 命令，以"nXP"（n 为比例因子），即相对于图纸的比例因子，来缩放视图。应根据实体大小和图纸幅面决定视图比例，本例为 1:1。接下来的提示：指定视图中心: 。

用光标在布局的适当位置拾取一点指定视图中心，又提示：指定视图中心 <指定视口>: 。

可以重新指定中心，确定位置后按[Enter]。下一步提示：指定视口的第一个角点: 。

如图 14-4 所示，指定矩形对角点 1、2 确定视口大小。又提示：输入视图名: 。

本例为俯视图命名"top"，输入名称后俯视图视口完成。

命令行又显示主提示，可以继续创建与俯视图正交的其他视图。也可以按[Enter]结束命令，以后再执行 SOLVIEW 命令。

如果要调整模型在视图中的位置，可以在该视口进入模型空间，执行 PAN 命令。

在布局中既可以处于图纸空间，也可以处于模型空间。从 UCS 的图标样式，或状态栏的最右端按钮，可以了解当前所处空间。在两个空间切换的方法是在视口内或外双击，或者单击状态栏的模型/图纸按钮。

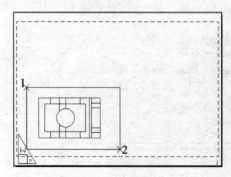

图 14-4　创建俯视图视口

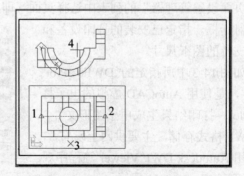

图 14-5　创建正交视口的过程

2．创建剖视的主视图视口

在 SOLVIEW 命令的主提示下选择"截面(S)"。命令行提示：指定剪切平面的第一个点：。

剪切平面（即剖切平面）应是前后对称面。可以通过捕捉该实体两条侧边上的中点 1、2，来指定剖切平面，如图 14-5 所示。又提示：指定要从哪侧查看：。

主视图是从前向后的投影，故在图形的下侧拾取一点 3。接着提示：输入视图比例 <1>：。

本例按[Enter]键指定比例为 1:1。又提示：指定视图中心：。

AutoCAD 会自动开启正交模式，往上移动光标，就从剖切线向上引出一条正交的线，表示了投影方向。在适当位置指定主视图中心点 4。

然后在提示下确定主视图视口大小，并命名主视图为"fro"。

3．创建左视图视口

在 SOLVIEW 的主提示下，选择"正交(O)"。命令行提示为：指定视口要投影的那一侧：。

左视图是从左向右的投影，因此将光标移到主视图视口的左边框，AutoCAD 会自动捕捉其中点。并提示：指定视图中心：。

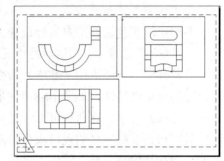

图 14-6　完成三个视口

往右移动光标，指示投影方向，指定视口中心，然后确定视口大小，命名视图为"lef"。

布局上建好的三个视口如图 14-6 所示。

SOLVIEW 命令创建的视口中显示的是从不同正交视点方向观察到的实体模型，尚不是二维的轮廓图形，还必须用 SOLDRAW 命令来最终生成图形视图或剖视图。

4．创建辅助视图（斜视图）

可以从现有视图中创建斜视图。指定"辅助(A)"选项，命令行提示：

指定斜面的第一个点：

指定斜面的第二个点：

指定要从哪侧查看：

指定视图中心：

如图 14-7 示例的右图所示，通过指定 1、2 两点定义倾斜面（辅助投影面）的方向，指定点 3，确定从左上侧查看，然后往右下方移动光标，垂直于倾斜平面拖引出一条表示投影方向的直线，再指定新视口的中心点 4，确定视图位置。以后的操作与前述基本视图、剖视图相同。

如图 14-7 左图所示已完成的斜视图，是在用 SOLDRAW 命令生成投影的轮廓线后，再绘制波浪线，对轮廓图形作修改后的得到的。

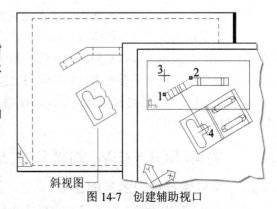

斜视图

图 14-7　创建辅助视口

5．SOLVIEW 命令生成的图层

SOLVIEW 命令在创建视口的同时，还自动创建特定的图层，以供 SOLVIEW 命令用来

分别为每个视口放置可见轮廓线、隐藏线和尺寸标注。在剖视图视口还创建放置剖面线的图层。

SOLVIEW 创建的图层被自动赋名，图层名称由前缀、短划（-）和表示用途的缩写组成。前缀是用户创建视图时输入的视图名。SOLVIEW 创建的图层有：

- xxx-VIS：准备用于放置可见轮廓线
- xxx -HID：准备用于放置隐藏线（不可见轮廓线）
- xxx-DIM：准备用于放置尺寸标注
- xxx -HAT：准备用于放置剖面线（图案填充）

如果已加载了"hid"线型（虚线），xxx–HID 层自动使用该线型生成隐藏线。

各图层的颜色需要用户另行设置。

在"布局"选项卡，图层特性中又增添了"冻结（解冻）当前视口"和"冻结（解冻）新视口"两个特定视口范围的可见性特性，如图 14-8"图层特性管理器"对话框（局部）所示。这两种可见性是自动控制的。这些图层只有与其前缀同名的视口成为当前视口时，才是解冻的。而在其他视口被冻结而不可见。

图 14-8　布局中的可见性特性

此外，SOLVIEW 还创建 VPORTS 图层，用于放置视口对象（视口边框）。

14.2.3　用 SOLDRAW 命令生成视图、剖视图

SOLDRAW 命令只能在用 SOLVIEW 创建的视口中使用。

调用 SOLDRAW 命令（"实体"工具栏： 按钮）后的提示：选择要绘图的视口。

AutoCAD 将创建所选视口中实体的可见轮廓线和隐藏线。剖视图视口还生成截面上的填充图案。与此同时，在所选视口，实体模型所属的图层被冻结。

可见轮廓线、隐藏线、剖面线创建在相应的图层中。由于这些图层具有特定视口的可见性，因此每个视图只显示本视口需要的轮廓线。如果剖视图使用的填充图案不符合要求，可以重新指定、修改。如图 14-9 所示是对前例的三个视口使用 SOLDRAW 命令的结果。

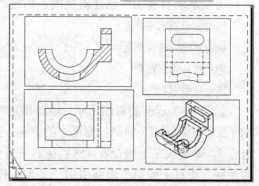

图 14-9　生成视图、剖视图

14.3　为非 SOLVIEW 的视口生成投影轮廓线

14.3.1　可以生成视口的其他命令

除了 SOLVIEW 命令，还有几个可以在布局中创建视口的命令：MVIEW、VPORTS 和 MVSETUP。

MVIEW 是在布局中创建视口的命令，它有许多选项，可以创建单个或标准配置的多个浮动视口，还可以创建非矩形的视口。

VPORTS 是对话框命令（参见 9.2.2 节）。既可在"模型"选项卡创建视口，也可在"布局"选项卡中创建视口。在布局中，VPORTS 与 MVIEW 命令的功能类似。

菜单栏【视图➜视口➜…】子菜单上的各项，就是 VPORTS 和 MVIEW 命令的各选项。

MVSETUP 命令功能较多，除了创建视口外，还有对齐两个视口中的对象、缩放视口、插入预置标题栏（英文）等。

14.3.2 用 SOLPROF 命令生成轮廓图形

SOLPROF 命令专门用于在非 SOLVIEW 的视口生成实体模型的投影轮廓线。要使用 SOLPROF，必须先激活视口的模型空间。

调用 SOLVIEW 命令（"实体"工具栏：▦ 按钮），命令提示：选择对象:。

选择要生成轮廓的实体后，命令行依次显示以下三条提示：

是否在单独的图层中显示隐藏的轮廓线？ [是(Y)/否(N)] <是>:

如果指定"<是>"，AutoCAD 将自动创建两个图层，名称分别是"PV-xxx"和"PH-xxx"（"xxx"是视口对象的句柄。所谓"句柄"，是程序的数据库中，对象的唯一的字母数字标记。）。这两个层分别用于放置可见和不可见轮廓线。

如果已加载"hidden"线型（虚线），PH-xxx 层自动使用该线型。

如果不想在轮廓中显示隐藏线，可以关闭或冻结 PH-xxx 层。

如果指定"否(N)"，则将不可见轮廓也按可见轮廓线绘制。

是否将轮廓线投影到平面？ [是(Y)/否(N)] <是>:

要求确定：将轮廓的可见线和隐藏线，绘制成二维的还是三维的对象。如果指定"<是>"，将创建二维对象的轮廓线，轮廓线绘制在一个与观察方向垂直并且通过 UCS 原点的平面上。

是否删除相切的边？ [是(Y)/否(N)] <是>

要求确定是否显示相切边，即两个相切面的切线。一般情况下不显示相切边为宜。

生成轮廓后三维实体依旧可见，用户可以手动关闭或冻结模型所属图层。图 14-9 中，布局的右下角，就是对一个轴测视图的模型使用 SOLPROF 命令后生成的轮廓线。

14.4 在多面视图中标注尺寸

14.4.1 为轮廓图形标注

1．添加中心线

需要在视图的回转中心、对称面等处添画上轴线、中心线。

在布局中有两种方法画中心线：

- 激活视口，在模型空间绘制
- 在图纸空间直接画在图纸页面上

在图纸空间，仍然可以对视口中的图形使用对象捕捉，因此直接在图纸上绘制中心线比较方便。

如果进入一个视口的模型空间画中心线，要注意调整当前 UCS，可以通过 UCS 工具栏的"视图"按钮 ▨，设置新 UCS，使 XY 平面与视图平面平行。激活另一个视口时，还需要再次调整 UCS。

2．尺寸标注

在布局中有两种方法画中心线：

- 激活视口，在模型空间标注
- 在图纸空间直接标注在图纸页面上

有关在布局的浮动视口标注尺寸，已在 9.2.2 节讨论。

进行标注样式设置时，在"修改标注样式"对话框的"调整"选项卡中，勾选"将标注缩放到布局"（参见 6.2.4 节，图 6-17）。这样，箭头、数字等尺寸元素将自动按照视口显示缩放比例（nXP）的倒数作为比例因子进行缩放。所标注元素的外观尺寸不会随视图的比例而改变，即使各视口的视图采用不同的比例，尺寸元素的尺寸也得以统一。

在视口内进行标注时，必须注意以下两点：

(1) 标注是二维命令，尺寸总是绘制在当前 UCS 的 XY 平面上。激活一个视口，在模型空间标注时，要调整 USC，使 XY 平面与视图平面平行。

(2) 在视口的模型空间标注时，必须将当前层切换到"xxx-DIM"（"xxx"是当前视口名)。这样，当前视口中的标注，在其他视口的图形上不被显示出来。

如图 14-10 所示前例的布局，已经完成了标注。关闭"VPORTS"层后，视口边框便不可见。

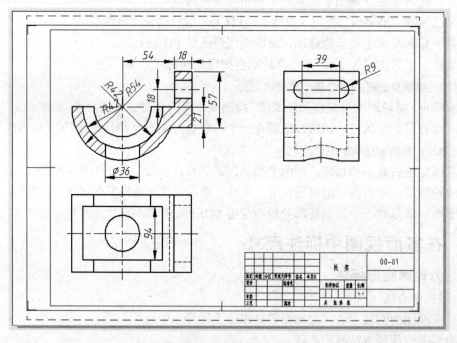

图 14-10   为视图标注尺寸

14.4.2   在布局中添加标题栏

标题栏、图框、文字注释等属于图纸页面上内容，都应该在图纸空间输入到布局中。

完成视图布置后，就可以在图纸空间将预先绘制并保存的标题栏图形文件，作为块插入到布局。也可以在新建绘图文件时，就选择一个合适的带标题栏的样板，作为新图形的开始。

AutoCAD 提供的样板，标题栏都放置在图纸空间内。可以先在"模型"选项卡中完成建模，然后在绘有标题栏的"布局"选项卡上布置视口。

图 14-10 的示例，使用了样板 Gb_a3 -Color Dependent Plot Styles.dwt。

练 习 题

创建图 14-2 的实体模型（尺寸按图 14-10），并在 A3 图幅的布局中生成三视图，其中主视图为剖视图，要求标注尺寸，带标题栏。

（选择"Gb_a3 -Color Dependent Plot Styles.dwt"为样板开始新图形。在"模型"选项卡建模，然后根据本章讨论的方法，在"布局"选项卡，创建视图，并标注尺寸。）